阿部龍蔵・川村 清 監修

裳華房テキストシリーズ − 物理学

統 計 力 学

首都大学東京名誉教授
理学博士

岡 部 豊 著

裳 華 房

STATISTICAL MECHANICS

by

Yutaka OKABE, DR. SC.

SHOKABO

TOKYO

〈出版者著作権管理機構 委託出版物〉

編 集 趣 旨

「裳華房テキストシリーズ‐物理学」の刊行にあたり，編集委員としてその編集趣旨について概観しておこう．ここ数年来，大学の設置基準の大綱化にともなって，教養部解体による基礎教育の見直しや大学教育全体の再構築が行われ，大学の授業も半期制をとるところが増えてきた．このような事態と直接関係はないかも知れないが，選択科目の自由化により，学生にとってむずかしい内容の物理学はとかく嫌われる傾向にある．特に，高等学校の物理ではこの傾向が強く，物理を十分履修しなかった学生が大学に入学した際の物理教育は各大学における重大な課題となっている．

裳華房では古くから，その時代にふさわしい物理学の教科書を企画・出版してきたが，従来の厚くてがっちりとした教科書は敬遠される傾向にあり，"半期用のコンパクトでやさしい教科書を"との声を多くの先生方から聞くようになった．

そこでこの時代の要請に応えるべく，ここに新しい教科書シリーズを刊行する運びとなった．本シリーズは18巻の教科書から構成されるが，それぞれその分野にふさわしい著者に執筆をお願いした．本シリーズでは原則的に大学理工系の学生を対象としたが，半期の授業で無理なく消化できることを第一に考え，各巻は理解しやすくコンパクトにまとめられている．ただ，量子力学と物性物理学の分野は例外で半期用のものと通年用のものとの両者を準備した．また，最近の傾向に合わせ，記述は極力平易を旨とし，図もなるべくヴィジュアルに表現されるよう努めた．

このシリーズは，半期という限られた授業時間においても学生が物理学の各分野の基礎を体系的に学べることを目指している．物理学の基礎ともいうべき力学，電磁気学，熱力学のいわば3つの根から出発し，物理数学，基礎

量子力学などの幹を経て，物性物理学，素粒子物理学などの枝ともいうべき専門分野に到達しうるようシリーズの内容を工夫した．シリーズ中の各巻の関係については付図のようなチャートにまとめてみたが，ここで下の方ほどより基礎的な分野を表している．もっとも，何が基礎的であるかは読者個人の興味によるもので，そのような点でこのチャートは一つの例であるとご理解願えれば幸いである．系統的に物理学の勉学をする際，本シリーズの各巻が読者の一助となれば編集委員にとって望外の喜びである．

阿部龍蔵，川村　清

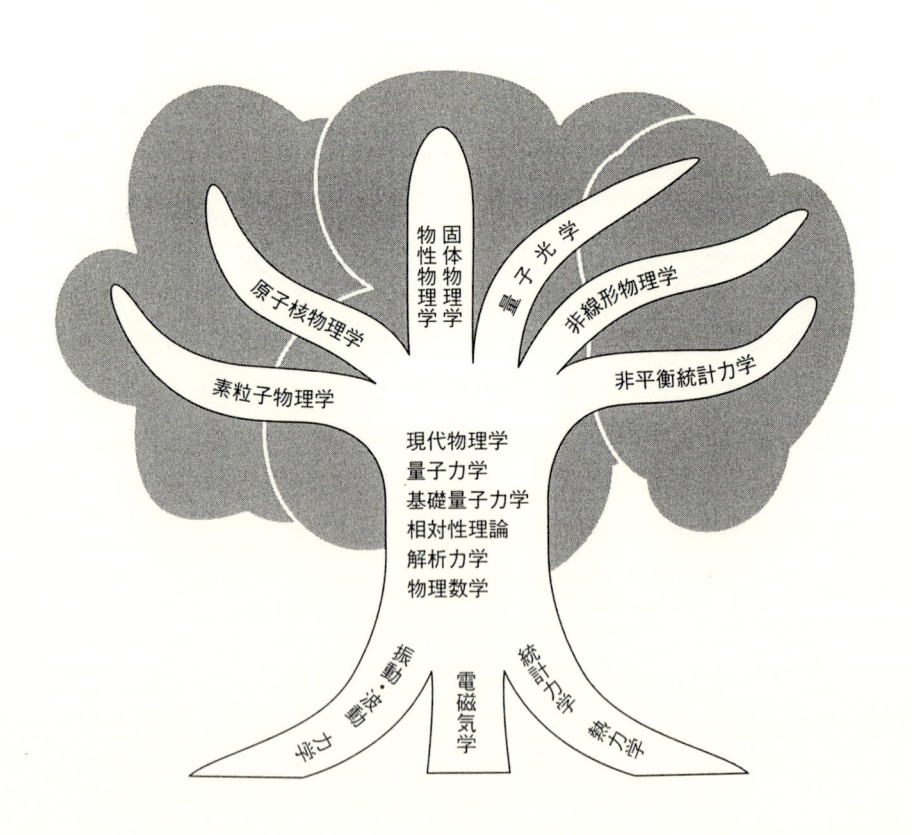

はしがき

　統計力学は大学の物理学で学習する科目のなかの基礎的な科目の一つである．力学や電磁気学と比べて，ややとり付きにくい印象を与えることがあるとすると，確率的，統計的な考え方を用いる点にあるかもしれない．しかし，非常に多くの粒子系を扱う際には統計的な考え方が必要であり，この統計的な考え方を用いてわれわれの身の周りの物質の多彩な性質を理解することができる．現代の科学技術を支えている種々の電子デバイスも，その原理は統計力学と量子力学が基礎となっており，統計力学の学習は応用面においても重要である．

　著者は，統計力学の講義を何度か行う中で，統計力学の基礎的な考え方に興味を覚える学生がいる一方で，その学生が簡単なモデルの比熱の温度依存性の計算ができなかったり，また仮に計算できてもその物理的な意味を説明できないというような経験をしてきた．そこで，本書を著すに当っては，なるべく平易に確率的な扱いに慣れるように，また，物理的な意味を考えることができるように配慮したつもりである．

　本書は，著者が物理学科の3年生向けの「熱・統計力学Ⅰ，Ⅱ」という半期2コマの講義のために用意した講義ノートを基に著した．この講義では熱力学と統計力学を合わせて扱っているが，統計力学には全体の2/3程度の時間をかけている．本テキストシリーズは半期の講義用のテキストとして企画されているので，半期でも講義できるように扱うテーマを絞った．相互作用のある系としての非理想気体のクラスター展開であるとか，相転移の統計力学に関するスケーリング理論などもテーマとして検討したが，本書では省くことにした．一方，特に統計力学においてはコンピューターシミュレーションの重要性が増してきているので，最終章でシミュレーションを扱った．

演習問題を解くことは物理学の学習に不可欠であるので，章末に代表的な演習問題を載せてある．さらに多くの演習問題に取組むためには適当な演習書で学習されたい．

コラムでは，先端の統計力学の話題から，親しみをもてるようなものを選んで紹介した．コラムを読んで統計力学をもっと勉強してみたいという学生諸君が現れることを期待する．また，物理学史的なエピソードを脚注に載せた．さらに物理学史的なことに興味がある場合には，巻末に紹介した参考書を参照されたい．

最後に，本書の執筆を勧めて下さった，恩師である阿部龍蔵先生に感謝する．名古屋大学工学研究科の川勝年洋氏には分子動力学法に関してご教示頂いた．また，裳華房の真喜屋実孜，小野達也両氏には，筆の遅い筆者を何度となく督励し，また細かい編集上のアドバイスを頂き，心よりお礼を申し上げる．

2000 年 8 月

岡　部　　豊

目　　次

1. ミクロとマクロをつなぐ統計 ･･･････1

2. 統計力学の原理

§2.1　理想気体の分子運動論 ･･･4
§2.2　等確率の原理とエルゴード仮説 ･････････････11
§2.3　状態数と状態密度 ････13
§2.4　スターリングの公式とエントロピー ･････16
§2.5　結合系の熱平衡とギブスの定理 ････････････18
演習問題 ････････････23

3. 統計力学の方法

§3.1　小正準集団の方法 ･････25
§3.2　正準集団の方法 ･･････28
§3.3　大正準集団の方法 ････33
演習問題 ････････････37

4. 統計力学の応用

§4.1　2原子分子気体の回転比熱 ･39
§4.2　固体の格子振動比熱 ･･･43
§4.3　格子欠陥 ･･･････51
§4.4　気体分子の吸着 ･････53
演習問題 ････････････55

5. ボース統計とフェルミ統計

§5.1　素粒子の統計性 ･････58
§5.2　ボース分布とフェルミ分布 ･60
§5.3　大正準集団による取扱い ･･65
演習問題 ････････････67

6. 理想量子気体の性質

§6.1 ボルツマン統計に対する量子補正 ······69
§6.2 理想フェルミ気体と低温比熱 ··········71
§6.3 理想ボース気体とボース凝縮 ··········81
演習問題 ············88

7. 相転移の統計力学

§7.1 イジングモデルと強磁性 ··91
§7.2 1次元イジングモデル ···97
演習問題 ············100

8. シミュレーションと統計力学

§8.1 分子動力学法 ·····103
§8.2 モンテカルロ法 ·····106
演習問題 ············110

演習問題略解 ·······················112
参 考 書 ························122
索 引 ························123

コ ラ ム

- 気体のレーザー冷却とボース凝縮・・・24
- レプリカ ・・・・・・・・・・・・38
- 縦列駐車 ・・・・・・・・・・・・57
- 重い電子系 ・・・・・・・・・・・90
- 病気の伝染 ・・・・・・・・・・102
- エイジング ・・・・・・・・・・111

1 ミクロとマクロをつなぐ統計

われわれの身の周りの物質の存在の形態は多様性に富んでいる．水を例にとり上げても，温度を変化させると，氷（固体），水（液体），水蒸気（気体）とその形態は変化する．氷は物を冷やすために古来より用いられてきたし，水蒸気は蒸気機関を動かす際に用いられてきた．そして，温度や圧力や体積など体系全体に関するマクロな物理量の間の法則性を調べる学問体系が，**熱力学**として確立している．

一方，水をミクロに見ると，直径 2 mm 程度の水滴は約 1.4×10^{20} 個もの分子（粒子）から成っている．構成要素である各粒子は運動法則に従って運動しており，古典力学ではニュートンの運動方程式が，量子力学ではシュレーディンガー方程式が，粒子の運動を記述する基本方程式である．

複雑な現象や多様な形態も，ごく少数の基本法則により説明されるというのが物理学（自然科学）の基本的な考え方である．その中で，ミクロな世界から出発してマクロな世界での法則を示そうというのが**統計力学**の目指す所である．ここでは，非常に多数のミクロな粒子から成っていることが重要である．ミクロな粒子から出発して考えることにより，初めて複雑なマクロな現象の多様さが理解できることになる．

古典力学でも 2 粒子から成る系なら厳密に取扱えるが，3 粒子以上になると特別な場合を除いては解けないといわれている．ここでの解けないということは，解析的には解けない，すなわち，比較的簡単な数式で表されないと

いう意味である．それなら10^{20}個もの粒子を扱うにはどうしたらよいだろうか．

　大きな数を対象とする例として各種統計調査がある．すべての国民の年齢を調べるよりも各年齢層の人口分布の統計の方が高齢化社会の問題を考える際に重要であるし，各世帯の所得を正確に知るよりも所得階層ごとの分布の方が国民の生活程度を知るのに役立つ．また，サイコロを振る場合に，たとえば6の目が続けて3回出ることもあるが，非常に多くの回数サイコロを振った場合には，サイコロに仕掛けをしない限り，6の目が出る確率が1/6になるであろうということも経験的に知っている．

　統計力学も同じような概念を使う．多くの粒子から成る集団を考え，その分布を調べ，確率的な取扱いを行う．そして，平均的な量がマクロな物理量となるが，平均値だけでなく分布の詳細がマクロな系の熱的な性質と関連することを学んでいく．ミクロとマクロをつなぐキーワードが統計である．

　本書では主に時間に依存しない平衡系の統計力学を扱う．時間的に変動する現象は非平衡統計力学で扱われるので，本シリーズの「非平衡統計力学」を参照されたい．統計力学は，その扱う範囲が拡がっていて，宇宙物理学や素粒子物理学などの領域でもその考え方が使われるし，化学反応や生物現象においても統計力学が重要であることを指摘しておく．また，熱力学に対応する現象だけでなく，カオスやフラクタルなども，（広い意味の）統計力学における重要な概念となってきている．

　先に，3粒子の問題でさえ"解析的には解けない"ということを述べたが，連立方程式の形で基本方程式が与えられているので，それを数値的に解くことができれば"解ける"ことになる．近年のコンピューターの性能の向上は目を見張るものがあり，20年ほど前には特別な高速コンピューターでなければできなかった計算がノートパソコンで実行できるようになっている．というより，ノートパソコンの方が高性能である．このような状況でコンピューターの役割が大きく変化し，最近ではコンピューターシミュレーションの手

法を知りその結果を利用することが，統計力学を学ぶ際にも重要になってきた．そこで本書では，シミュレーションと統計力学についても触れることにする．

2 統計力学の原理

分子運動論はマクロな熱力学とミクロな統計力学の中間的な役割を果たす．統計力学の基礎づけは初学者にはむずかしい印象を与えるので，まず分子運動論から始めることにする．物理量の統計的な取扱いに慣れるためにも，分子運動論は有効である．次に，等確率の原理とエルゴード仮説という2つの仮定により統計力学が基礎づけられることを学ぶ．そして，温度 T の非常に大きな系に接触した部分系のエネルギー分布を与える，ギブスの定理を示す．

§2.1 理想気体の分子運動論

速度分布関数

理想気体の分子運動論については，すでに本シリーズの「熱力学」でもとり上げている．気体を構成する粒子の速度が気体の温度と結びついているが，一つ一つの粒子の速度は一定ではなく，分布をもっている．理想気体の速度分布の導出に関しては「熱力学」に譲ることにして，ここではその結果を用いることにする．

N 個の粒子のうち，速度が (v_x, v_y, v_z) から $(v_x + dv_x, v_y + dv_y, v_z + dv_z)$ をとる粒子数が $f(v_x, v_y, v_z)\, dv_x\, dv_y\, dv_z$ で与えられるとき，この $f(v_x, v_y, v_z)$ を**速度分布関数**という．理想気体の場合には，速度分布関数は

$$f(v_x, v_y, v_z) = C \exp\left[-\frac{m}{2k_\mathrm{B} T}(v_x^2 + v_y^2 + v_z^2)\right] \qquad (2.1)$$

とガウス関数で与えられる．ここで m は粒子の質量，k_B は**ボルツマン定数**，T は温度である．ボルツマン定数の数値は，

$$k_B = 1.381 \times 10^{-23} \text{ J/K} \tag{2.2}$$

である．また，(2.1) に現れる C（規格化定数という）は，すべての速度について積分したときに粒子数 N になるように，すなわち

$$\int_{-\infty}^{\infty} dv_x \int_{-\infty}^{\infty} dv_y \int_{-\infty}^{\infty} dv_z \, f(v_x, v_y, v_z) = N \tag{2.3}$$

の条件を課すことにすると，**ガウス積分**の公式

$$\int_{-\infty}^{\infty} \exp(-ax^2) \, dx = \sqrt{\frac{\pi}{a}} \quad (a > 0) \tag{2.4}$$

を用いて

$$C = N \left(\frac{m}{2\pi k_B T}\right)^{3/2} \tag{2.5}$$

となる．

例題 2.1

ガウス積分の公式 (2.4) を用いて，速度分布関数の規格化定数 C が (2.5) で与えられることを示せ．

[**解**] (2.4) の a として $m/2k_B T$ を代入すると

$$\int_{-\infty}^{\infty} \exp\left(-\frac{m}{2k_B T} v_x^2\right) dv_x = \left(\frac{2\pi k_B T}{m}\right)^{1/2}$$

となる．(2.3) より

$$C \left(\frac{2\pi k_B T}{m}\right)^{3/2} = N$$

となるので，(2.5) が得られる．

(2.1) で与えられる速度分布を**マクスウェル分布**[†]，あるいは**マクスウェル**

[†] マクスウェルが"気体分子の速度分布"という確率的な概念を物理学に初めてもちこんだ．J. C. Maxwell: "Illustrations of the dynamical theory of gases", Phil. Mag. **19** (1860) 19 - 32; *ibid.* **20** (1860) 21 - 37.

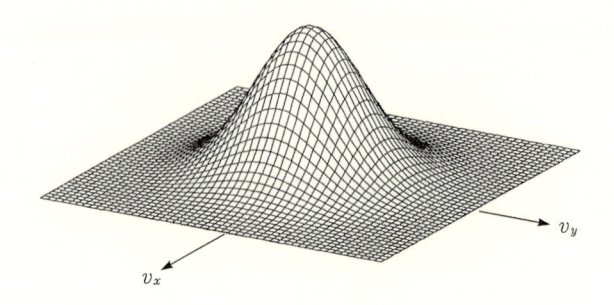

図 2.1 マクスウェル速度分布関数(2次元系の場合)

-ボルツマン分布とよぶ．3次元系は図示がむずかしいので，2次元系の場合のマクスウェル分布を図2.1に示してある．

速度分布関数を使って1粒子当りの運動エネルギー

$$\varepsilon = \frac{mv^2}{2}$$
$$= \frac{m(v_x{}^2 + v_y{}^2 + v_z{}^2)}{2} \tag{2.6}$$

の平均値を求めるには，

$$\left\langle \frac{mv^2}{2} \right\rangle = \frac{\iiint \frac{mv^2}{2} f(v_x, v_y, v_z) \, dv_x \, dv_y \, dv_z}{\iiint f(v_x, v_y, v_z) \, dv_x \, dy_y \, dv_z} \tag{2.7}$$

を計算すればよい．本書では平均値を表すときに〈…〉を用いるが，(2.7) は分布関数が与えられたときに平均値を求めるための一般的な表式である．

速度の各成分の2乗の平均値はガウス積分を用いて

$$\langle v_x{}^2 \rangle = \langle v_y{}^2 \rangle = \langle v_z{}^2 \rangle = \frac{k_B T}{m} \tag{2.8}$$

と計算されるので，

$$\left\langle \frac{mv^2}{2} \right\rangle = \frac{3}{2} k_B T \tag{2.9}$$

が得られる．これは気体分子の運動エネルギーの平均値が，1つの自由度当り

$k_\mathrm{B}T/2$ ずつ等分に分配されることを示しており，これを**エネルギー等分配則**という．

例題 2.2

ガウス積分の公式 (2.4) を用いて，速度の各成分の 2 乗の平均値が (2.8) で与えられることを示せ．

[解] (2.4) の両辺を a で偏微分すると，
$$\frac{\partial}{\partial a}\int_{-\infty}^{\infty}\exp(-ax^2)\,dx = -\int_{-\infty}^{\infty}x^2\exp(-ax^2)\,dx = -\frac{1}{2a}\left(\frac{\pi}{a}\right)^{1/2}$$
となるので，
$$\frac{\int_{-\infty}^{\infty}x^2\exp(-ax^2)\,dx}{\int_{-\infty}^{\infty}\exp(-ax^2)\,dx} = \frac{1}{2a}$$
の関係が得られる．したがって，$a = m/2k_\mathrm{B}T$ を代入して
$$\langle v_x{}^2 \rangle = \frac{k_\mathrm{B}T}{m}$$
が得られる．

エネルギー分布関数

(2.1) の 3 次元理想気体の速度分布関数を，(2.6) で与えられる運動エネルギー ε の分布の形に書きかえてみよう．1 粒子の運動エネルギーが ε から $\varepsilon + d\varepsilon$ をとる粒子数を，指数関数の依存性をもつ部分を引き出して $G(\varepsilon)\exp(-\varepsilon/k_\mathrm{B}T)\,d\varepsilon$ と書くことにすると，被積分関数が速度の大きさ v だけの関数であるので，極座標に直して $d\varepsilon = mv\,dv$ であることに注意すれば，$G(\varepsilon)$ が

$$G(\varepsilon)\exp\left(-\frac{\varepsilon}{k_\mathrm{B}T}\right) = D\sqrt{\varepsilon}\exp\left(-\frac{\varepsilon}{k_\mathrm{B}T}\right) \qquad (2.10)$$

で与えられることが示される．(2.3) の場合と同様に

$$\int_0^{\infty}d\varepsilon\, G(\varepsilon)\exp\left(-\frac{\varepsilon}{k_\mathrm{B}T}\right) = N \qquad (2.11)$$

8   2. 統計力学の原理

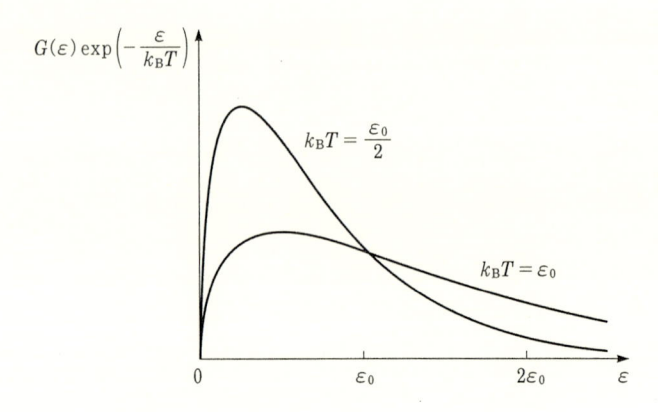

図2.2 3次元理想気体のエネルギー分布関数

により規格化定数 D を定めることにすると，D は

$$D = N \frac{2}{\sqrt{\pi}(k_B T)^{3/2}} \tag{2.12}$$

となる．3次元理想気体のエネルギー分布関数 $G(\varepsilon) \exp(-\varepsilon/k_B T)$ を図 2.2 に示してある．図では ε_0 をエネルギーの単位として，低温 ($k_B T = \varepsilon_0/2$) と高温 ($k_B T = \varepsilon_0$) における分布の違いを示してある．

次に，(2.10) で与えられるエネルギー分布関数を使って1粒子当りの運動エネルギーの平均値を計算してみよう．(2.7) と同様にして

$$\langle \varepsilon \rangle = \frac{\int \varepsilon\, G(\varepsilon) \exp\left(-\dfrac{\varepsilon}{k_B T}\right) d\varepsilon}{\int G(\varepsilon) \exp\left(-\dfrac{\varepsilon}{k_B T}\right) d\varepsilon} \tag{2.13}$$

を計算すればよい．この種の計算を行うには，$x = \varepsilon/k_B T$ と変数変換をすると見通しが良くなり，分子の計算は

$$D \int_0^\infty \varepsilon^{3/2} \exp\left(-\frac{\varepsilon}{k_B T}\right) d\varepsilon = D(k_B T)^{5/2} \int_0^\infty x^{3/2} e^{-x}\, dx$$

$$= D(k_B T)^{5/2}\, \Gamma\left(\frac{5}{2}\right) \tag{2.14}$$

となる．

ここで，
$$\Gamma(s) = \int_0^\infty x^{s-1} e^{-x}\, dx \tag{2.15}$$
で定義される**ガンマ関数**を用いた．ガンマ関数は
$$\Gamma(s+1) = s\,\Gamma(s), \quad \Gamma(1) = 1 \tag{2.16}$$
の性質をもつが，この性質はガンマ関数の定義式から容易に示すことができる．また，s が整数 n のときは，
$$\Gamma(n) = (n-1)! \tag{2.17}$$
と階乗で表すことができる．$s = 1/2$ のときは，
$$\Gamma\left(\frac{1}{2}\right) = \int_0^\infty x^{-1/2} e^{-x}\, dx = 2\int_0^\infty e^{-t^2}\, dt \tag{2.18}$$
と変形することにより，ガウス積分 (2.4) で表されることがわかるから
$$\Gamma\left(\frac{1}{2}\right) = \sqrt{\pi} \tag{2.19}$$
が得られる．

例題 2.3

ガンマ関数の性質を用いて，エネルギー分布関数の規格化定数 D が (2.12) で与えられることを示せ．

［解］ (2.10) を (2.11) に代入し，$x = \varepsilon/k_\mathrm{B} T$ と変数変換をすると
$$N = \int_0^\infty D\sqrt{\varepsilon}\,\exp\left(-\frac{\varepsilon}{k_\mathrm{B} T}\right) d\varepsilon$$
$$= D(k_\mathrm{B} T)^{3/2} \int_0^\infty x^{1/2} e^{-x}\, dx$$
となる．ガンマ関数を用いて表すと
$$N = D(k_\mathrm{B} T)^{3/2}\, \Gamma\left(\frac{3}{2}\right) = D(k_\mathrm{B} T)^{3/2} \frac{\sqrt{\pi}}{2}$$
となり，(2.12) が得られる．

(2.13) の分母が

$$D(k_B T)^{3/2}\, \Gamma\!\left(\frac{3}{2}\right) \tag{2.20}$$

であることから，結局，(2.13) は

$$\langle \varepsilon \rangle = \frac{\Gamma\!\left(\dfrac{5}{2}\right)}{\Gamma\!\left(\dfrac{3}{2}\right)} k_B T$$

$$= \frac{3}{2} k_B T \tag{2.21}$$

となる．当然であるが，(2.9) と同じエネルギー等分配則が求められる．

次に，$\langle \varepsilon^2 \rangle - \langle \varepsilon \rangle^2$ の式で与えられる，1粒子エネルギーの**ゆらぎ (分散)** を計算してみよう．

$$\langle \varepsilon^2 \rangle = \frac{\int \varepsilon^2\, G(\varepsilon)\, \exp\!\left(-\dfrac{\varepsilon}{k_B T}\right) d\varepsilon}{\int G(\varepsilon)\, \exp\!\left(-\dfrac{\varepsilon}{k_B T}\right) d\varepsilon} \tag{2.22}$$

であるから，分子はガンマ関数を使って

$$D\int_0^\infty \varepsilon^{5/2} \exp\!\left(-\frac{\varepsilon}{k_B T}\right) d\varepsilon = D(k_B T)^{7/2} \int_0^\infty x^{5/2} e^{-x}\, dx$$

$$= D(k_B T)^{7/2}\, \Gamma\!\left(\frac{7}{2}\right) \tag{2.23}$$

と計算される．したがって，(2.20) を用いて

$$\langle \varepsilon^2 \rangle = \frac{15}{4}(k_B T)^2 \tag{2.24}$$

となるので，最終的に

$$\langle \varepsilon^2 \rangle - \langle \varepsilon \rangle^2 = \frac{3}{2}(k_B T)^2 \tag{2.25}$$

という結果が得られる．

ところで，(2.13) を温度 T に関して微分してみると，

$$\frac{d\langle\varepsilon\rangle}{dT} = \frac{1}{k_{\mathrm{B}}T^2} \frac{\int \varepsilon^2 \, G(\varepsilon) \exp\left(-\frac{\varepsilon}{k_{\mathrm{B}}T}\right) d\varepsilon}{\int G(\varepsilon) \exp\left(-\frac{\varepsilon}{k_{\mathrm{B}}T}\right) d\varepsilon}$$

$$-\frac{1}{k_{\mathrm{B}}T^2} \frac{\left[\int \varepsilon \, G(\varepsilon) \exp\left(-\frac{\varepsilon}{k_{\mathrm{B}}T}\right) d\varepsilon\right]^2}{\left[\int G(\varepsilon) \exp\left(-\frac{\varepsilon}{k_{\mathrm{B}}T}\right) d\varepsilon\right]^2} \tag{2.26}$$

であるので,

$$\frac{d\langle\varepsilon\rangle}{dT} = \frac{1}{k_{\mathrm{B}}T^2}(\langle\varepsilon^2\rangle - \langle\varepsilon\rangle^2) \tag{2.27}$$

という関係式が一般的に示される．(2.27) の左辺は 1 粒子当りの運動エネルギーの平均値の温度微分，すなわち，1 粒子当りの**比熱**[†]であり，比熱が運動エネルギーの分散で表されることになる．(2.27) の右辺に (2.25) の結果を代入すれば，(2.21) から期待される $d\langle\varepsilon\rangle/dT = (3/2)k_{\mathrm{B}}$ が得られる．

粒子のエネルギー分布が $G(\varepsilon)\exp(-\varepsilon/k_{\mathrm{B}}T)$ で与えられるとき，物理量 A の平均値が

$$\langle A \rangle = \frac{\int A \, G(\varepsilon) \exp\left(-\frac{\varepsilon}{k_{\mathrm{B}}T}\right) d\varepsilon}{\int G(\varepsilon) \exp\left(-\frac{\varepsilon}{k_{\mathrm{B}}T}\right) d\varepsilon} \tag{2.28}$$

により計算されることを，本節では理想気体の分子運動論の場合に示したが，この手法は統計力学で一般的に用いられる．

§2.2 等確率の原理とエルゴード仮説

前節で気体の分子運動の速度分布，エネルギー分布を学んだ．統計力学の基礎づけを行うためには，**位相空間**における分布を考えると都合がよい．古

[†] 比熱は，より正確には単位質量当りの熱容量のことを指すが，本書では比熱と熱容量を区別せずに用いる．

典力学では，物体の運動はニュートンの運動方程式で記述されるが，それを一般座標 q_j とそれに共役な運動量 p_j を用いてハミルトンの正準運動方程式の形式に定式化できることを解析力学では学ぶ．3次元の N 粒子系の運動の場合は，$3N$ 個の一般座標とそれに共役な運動量から成る $6N$ 次元の空間上の点と体系の力学的状態を対応させることができる．この空間が位相空間であり，位相空間内の点を**代表点**とよぶ．

ここで，ほとんど独立であるが，わずかな相互作用によりエネルギーの交換をする N 個の粒子から成る系を考えてみよう．エネルギーが一定であれば，系が運動すると代表点は位相空間内で閉じた軌跡を描く．いまの場合，全系のエネルギーは一定であるが，各粒子のエネルギーは変化するので，1個当りの位相空間内の軌道は時間と共に変っていく．相互作用のために，力学系が運動する際に，代表点は1個当りの位相空間内の広い場所を移動することになる．

等確率の原理

代表点がこの1個当りの位相空間内の微小部分 $dx\,dp$ 内に入る確率を考えることにする．代表点が位相空間内の等しい体積内に入る確率は場所にかかわらず等しいと仮定する．すなわち，「全体のエネルギーが一定という条件のもとのすべての微視状態は，等しい出現確率をもつ」と仮定するのが**等確率の原理**で，統計力学の基礎となる．

エルゴード仮説

系が運動するとき，物理量 A は刻々と変り，熱平衡状態における A の観測値は，十分に長い時間についての時間的な平均と考えられる．この平均が位相空間内の微小部分の出現確率に基づく平均に等しい，すなわち，「一つの系の長い時間にわたる平均（長時間平均）は位相空間における母集団に対する平均（位相平均）と等しい」と考えるのが**エルゴード仮説**であり，等確率の原理と合せて，統計力学を基礎づけることになる．

§2.3　状態数と状態密度

等確率の原理を使うためには，位相空間の中の微視状態の状態数を数える必要がある．0 と E の間のエネルギーをとりうる微視状態の総数を $\Omega(E)$ としよう．一方，エネルギーが E と $E + \Delta E$ の間をとりうる微視状態の総数を $W(E)$ とすると，両者の関係は

$$W(E) = \frac{d\Omega(E)}{dE} \Delta E \tag{2.29}$$

で与えられ，この微視状態の総数 $W(E)$ を**熱力学的重率**とよぶ．$d\Omega(E)/dE$ は**状態密度**とよび，次元は，エネルギーの逆数の次元をもつ．なお，ΔE はエネルギーの精度に応じて適当に決めることができる．熱力学的重率 $W(E)$ を具体例について計算してみよう．

量子調和振動子の場合

量子力学で学ぶように，角振動数が ω の調和振動子のエネルギー準位は

$$\varepsilon = \left(n + \frac{1}{2}\right)\hbar\omega \quad (n = 0, 1, \cdots) \tag{2.30}$$

で与えられる．ここで $\hbar$ は**プランク定数** h を 2π で割ったものである．プランク定数の数値は，

$$h = 6.626 \times 10^{-34} \text{ J·s} \tag{2.31}$$

$$\hbar = \frac{h}{2\pi} = 1.055 \times 10^{-34} \text{ J·s} \tag{2.32}$$

である．N 個の振動子のそれぞれがとる量子数の組 $(n_1, \cdots, n_N)$ が N 個の振動子全体の微視状態を記述することになる．ここで，$\hbar\omega/2 \times N$ はエネルギーの原点を与えるだけなので除外して考える．なお，この項は零点エネルギーからの寄与である．

全系のエネルギーが $M\hbar\omega$ ($M = 0, 1, \cdots$) であるときの N 粒子の微視状態のとりうる数 $W_N(M)$ を求める．個々の振動子のエネルギーの和が $M\hbar\omega$ であるから，

である．M を与えたときのこのような組合せの数は，M 個の粒子を N 個の番号付きの箱に配分する方法の数に等しく，

$$n_1 + n_2 + \cdots + n_N = M \tag{2.33}$$

$$W_N(M) = \frac{(M+N-1)!}{M!(N-1)!} \tag{2.34}$$

となる．

例題 2.4

M 個の粒子を N 個の番号付きの箱に配分する方法の数が (2.34) で与えられることを示せ．

[解] 図に示すように ($M = 10$, $N = 5$ の場合)，M 個の粒子と $N-1$ 個の仕切りを表す $M+N-1$ 個の 1 列の場所を用意して，$N-1$ 個の仕切りを選ぶ組合せの数を求めればよい．

その組合せの数は，

$$\frac{(M+N-1)!}{M!(N-1)!}$$

となる．

古典理想気体の場合

古典理想気体の熱力学的重率を求めるためには，エネルギーが 0 から E までの位相空間の体積を計算すればよい．量子力学の不確定性原理 $\varDelta q \cdot \varDelta p \sim h$ を考慮して，$6N$ 次元の位相空間の体積の値を h^{3N} で割って，微視状態の数とする．なお，h はプランク定数である．この定義に従い $\varOmega(E)$ を計算するには，運動量空間については運動エネルギーの総和が E より小さい，すなわち，

$$\frac{1}{2m}(p_1^2 + \cdots + p_N^2) \leq E \tag{2.35}$$

という条件の体積を求めればよい．

§2.3 状態数と状態密度

$$\Omega(E) = \frac{1}{h^{3N}} \int d^{3N}q \int d^{3N}p_{\,(p_1{}^2+\cdots+p_N{}^2)/2m \leq E}$$

$$= V^N \left(\frac{2m}{h^2}\right)^{3N/2} E^{3N/2} C_{3N} \tag{2.36}$$

であるから，(2.29) を用いて

$$W(E) = \frac{d\Omega(E)}{dE} \Delta E$$

$$= V^N \left(\frac{2m}{h^2}\right)^{3N/2} C_{3N} \frac{3N}{2} E^{3N/2-1} \Delta E \tag{2.37}$$

が得られる．ただし，ここで C_n は単位 n 次元球の体積である．

C_n を求めるために，

$$I_n = \int_{-\infty}^{\infty} \cdots \int_{-\infty}^{\infty} e^{-(x_1{}^2+\cdots+x_n{}^2)} dx_1 \cdots dx_n \tag{2.38}$$

の積分を2通りの方法で求めよう．各変数ごとに積分すると，

$$I_n = \left[\int_{-\infty}^{\infty} e^{-x^2} dx \right]^n = (\sqrt{\pi})^n = \pi^{n/2} \tag{2.39}$$

が得られる．ここで，(2.4) のガウス積分の公式を用いた．一方，極座標を用いると，半径 r の n 次元球の体積が $C_n r^n$，表面積が $nC_n r^{n-1}$ であることに注意して，

$$I_n = \int_0^{\infty} e^{-r^2} nC_n r^{n-1} dr = nC_n \frac{1}{2} \int_0^{\infty} e^{-t} t^{n/2-1} dt$$

$$= C_n \Gamma\left(\frac{n}{2} + 1\right) \tag{2.40}$$

が得られる．(2.39) と (2.40) を比べて，C_n が

$$C_n = \frac{\pi^{n/2}}{\Gamma\left(\frac{n}{2} + 1\right)} \tag{2.41}$$

となる．なお，ガンマ関数 $\Gamma(s)$ の定義は (2.15) に与えてある．

結局，古典理想気体の $W(E)$ の表式として

$$W(E) = V^N \left(\frac{2\pi m}{h^2}\right)^{3N/2} \frac{1}{\Gamma\left(\frac{3}{2}N\right)} E^{3N/2-1} \Delta E \tag{2.42}$$

が得られることになる．なお，N 個の粒子が区別できなければ，(2.42) に $1/N!$ の項が掛かる．

§2.4 スターリングの公式とエントロピー

スターリングの公式

量子調和振動子と古典理想気体の熱力学的重率を，それぞれ (2.34) と (2.42) で求めたが，統計力学においては，熱力学的重率そのものよりも熱力学的重率の対数を扱うことが多い．その計算に使われる，大きな数の階乗の対数に関する便利な近似式をここで示そう．図 2.3 に示すような面積を比較することにより，

$$\log 1 + \cdots + \log(N-1) < \int_1^N \log x\, dx < \log 2 + \cdots + \log N \tag{2.43}$$

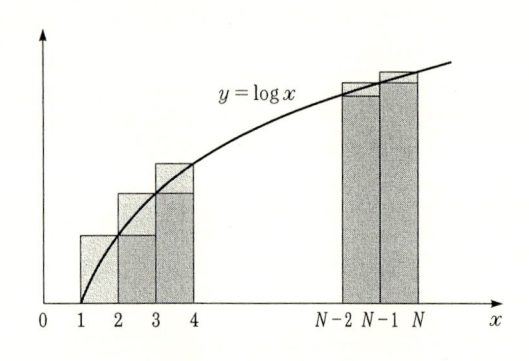

図 2.3 面積の比較

が得られる．したがって，

$$\log(N-1)! < N(\log N - 1) + 1 < \log N! \tag{2.44}$$

であるから，$\log N!$ について解き，$N \to \infty$ とすると，

$$\log N! \cong N(\log N - 1) \tag{2.45}$$

という近似式が得られる．これを**スターリングの公式**[†]とよぶ．

[†] 統計力学でしばしば用いられるスターリングの公式は，スターリングが 1730 年に導出したものである．J. Stirling: *Methodus differentialis sive tractatus de summatione et interpolatione serierum infinitorum* (1730).

§2.4 スターリングの公式とエントロピー　17

より精密な形としては，ガンマ関数 $\Gamma(x)$ の x が大きいときの漸近形
$$\Gamma(x+1) \cong \sqrt{2\pi x}\, x^x e^{-x} \tag{2.46}$$
から，$N \gg 1$ のときの $\log N!$ の次の次数の近似が得られるが，本書の範囲では，(2.45) の近似で十分である．

エントロピー

熱力学的重率の対数にボルツマン定数を掛けた
$$S = k_B \log W(E) \tag{2.47}$$
をエントロピーとよぶことにする．これが，熱力学におけるエントロピーと一致することが示され，(2.47) を**ボルツマンの関係式**[†]とよぶ．ここで，ボルツマンの関係式に基づき，量子調和振動子と古典理想気体の場合にエントロピーの表式を求めておこう．

量子調和振動子の場合

(2.34) で熱力学的重率を計算したので，それを (2.47) に代入すると，粒子数は十分に大きいとしてスターリングの公式 (2.45) を用いて

$$\begin{aligned} S &= k_B \log \frac{(M+N-1)!}{M!(N-1)!} \\ &\cong k_B [(M+N)\{\log(M+N)-1\} - M(\log M - 1) - N(\log N - 1)] \\ &= k_B N \left[\frac{E}{N\hbar\omega} \log\left(1 + \frac{N\hbar\omega}{E}\right) + \log\left(1 + \frac{E}{N\hbar\omega}\right) \right] \end{aligned} \tag{2.48}$$

が得られる．ここで，$E = M\hbar\omega$ の関係を用いて，エントロピー S をエネルギー E の式で表した．

古典理想気体の場合

古典理想気体の場合の熱力学的重率も (2.42) で計算しているので，それよりエントロピーの表式

[†] ウィーン中央墓地にあるボルツマンの墓の胸像の上に $S = k \log W$ の式が記されている．この概念はボルツマンが導いたものであるが，プランクが熱放射に関するプランクの公式を導く過程で，関係式を明確に与えた．M. Planck : "Über das Gesetz der Energieverteilung im Normalspektrum", Annalen der Phys. (4) **4** (1901) 553 - 563.

$$S = k_{\text{B}} \log \left\{ \frac{V^N}{N!} \left(\frac{2\pi m}{h^2} \right)^{3N/2} \frac{1}{\Gamma\left(\frac{3}{2}N\right)} E^{3N/2-1} \Delta E \right\}$$

$$\cong k_{\text{B}} N \left[\log \frac{V}{N} + \frac{3}{2} \log \left(\frac{4\pi m}{3h^2} \frac{E}{N} \right) + \frac{5}{2} \right] \quad (2.49)$$

が得られる．ここで，粒子数 N は十分に大きいとしてスターリングの公式を用いた．$N!$ の項は粒子が区別できないことのために必要な項で，正確には量子統計を用いてその起源が明らかにされる．この項は，エントロピーが示量性の量，すなわち，粒子数 N に比例する量となるために必要である．なお，ΔE は粒子数 N に比例する項には現れないので，エントロピーは ΔE の選び方によらないことになる．

§2.5 結合系の熱平衡とギブスの定理

結合系の熱平衡

熱的に接触させた 2 つの熱力学系 1, 2 から成る結合系を考える．2 つの系が熱平衡にあるための統計力学的な条件を考察しよう．系 1 のエネルギーが $E_1 < E_1 + \Delta E_1$ にあり，系 2 のエネルギーが $E_2 < E_2 + \Delta E_2$ にある状態数は，$W_1(E_1) \times W_2(E_2)$ となる．ここで $W_1(E_1)$，$W_2(E_2)$ は系 1，2 それぞれの熱力学的重率である．図 2.4 に示すように，$E < E_1 + E_2 < E + \Delta E$ の範囲で合計すると，結合系のエネルギーが $E < E_1 + E_2 < E +$

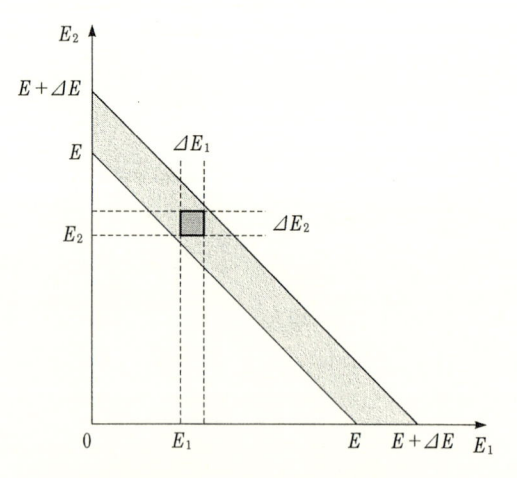

図 2.4 結合系のエネルギー

§2.5 結合系の熱平衡とギブスの定理   19

ΔE の範囲に存在する状態数 $W_{1+2}(E)$ は

$$W_{1+2}(E) = \sum_{E_2=0}^{E} W_1(E-E_2)\,W_2(E_2) \qquad (2.50)$$

となる．ここで，$E_1 + E_2 = E$ と変数変換をした．等確率の原理によれば，エネルギーが一定の条件で，すべての微視状態は等しい出現確率をもつ．したがって，状態数の大きい状態が実現されると期待される．結合系全体のエネルギー分配として最も起こりうる分配の仕方，すなわち最大確率をとるのは，

$$W_1(E-E_2)\,W_2(E_2) = 最大 \qquad (2.51)$$

の条件で与えられる．これは

$$\log W_1(E-E_2) + \log W_2(E_2) = 最大 \qquad (2.52)$$

としても同等である．E_2 に関して極値をとり，(2.47) のエントロピーの定義を参照すると，(2.52) を最大にする条件として

$$\frac{\partial S_1(E-E_2)}{\partial E_2} + \frac{\partial S_2(E_2)}{\partial E_2} = 0 \qquad (2.53)$$

の関係式，あるいは

$$\frac{\partial S_1(E_1)}{\partial E_1} = \frac{\partial S_2(E_2)}{\partial E_2} \qquad (2.54)$$

が得られる．これが系1と系2が熱平衡になる条件である．

ギブスの定理

結合系 $1+2$ の熱平衡状態でのエネルギーが E_1，E_2 に分配される確率は

$$P(E_1, E_2) = \frac{W_1(E_1)\,W_2(E_2)}{W_{1+2}(E)} \qquad (2.55)$$

である．ここで，系1のエネルギーだけに注目すると，エネルギーが E_1 である確率は

$$P(E_1) = \frac{W_2(E-E_1)}{W_{1+2}(E)} W_1(E_1) \qquad (2.56)$$

となる．特に結合系 $1+2$ が系1に比べて十分に大きい場合，すなわち $E_1 \ll E_1 + E_2 = E$ である場合を考えると，

$$\frac{W_2(E-E_1)}{W_2(E)} = \exp\{\log W_2(E-E_1) - \log W_2(E)\}$$

$$= \exp\left\{\frac{1}{k_B}(S_2(E-E_1) - S_2(E))\right\}$$

$$= \exp\left\{-\frac{1}{k_B}\left(\frac{\partial S_2}{\partial E}\right)E_1 + \frac{1}{2k_B}\left(\frac{\partial^2 S_2}{\partial E^2}\right)E_1^2 + \cdots\right\}$$
(2.57)

と展開でき，上式で第2項以下が十分に小さければ

$$P(E_1) \propto \exp\left\{-\frac{1}{k_B}\left(\frac{\partial S_2}{\partial E}\right)E_1\right\} W_1(E_1)$$

$$= \exp\left(-\frac{E_1}{k_B T_2}\right) W_1(E_1) \quad (2.58)$$

が得られる．ここで，

$$\frac{1}{T_2} \equiv \frac{\partial S_2}{\partial E} \quad (2.59)$$

により，T_2 を定義した．

この T_2 が**熱力学的温度**の役割を果たすことを古典理想気体の場合に確かめてみよう．(2.49)で求めたエントロピーの表式

$$S_2(E) = k_B N\left[\log\frac{V}{N} + \frac{3}{2}\log\left(\frac{4\pi m}{3h^2}\frac{E}{N}\right) + \frac{5}{2}\right] \quad (2.60)$$

を用いると，

$$\frac{\partial S_2(E)}{\partial E} = \frac{3}{2}\frac{k_B N}{E} \quad (2.61)$$

となり，理想気体のエネルギーが

$$E = \frac{3}{2}Nk_B T \quad (2.62)$$

であることから，確かに，(2.59)で定義した T_2 が熱力学的温度となることがわかる．いま考えた非常に大きな系2は**熱浴**とよばれ，温度を保つための熱の供給源の役割を果たす．

ここで改めて

$$\frac{1}{T} \equiv \frac{\partial S}{\partial E} \tag{2.63}$$

により絶対温度 T を定義することにしよう．(2.58) は

$$P(E_1) \propto \exp\left(-\frac{E_1}{k_B T}\right) W_1(E_1) \tag{2.64}$$

と書くことができるが，これを**ギブスの定理**とよび，温度 T の熱浴に接触した部分系1のエネルギーのとりうる確率を与える．また，ここで登場する

$$\exp\left(-\frac{E_1}{k_B T}\right) \tag{2.65}$$

を**ボルツマン因子**とよぶ．

量子調和振動子の温度依存性

量子調和振動子のエネルギーの温度依存性を考えてみよう．すでに (2.48) で計算してあるエントロピーの表式

$$S = k_B N \left[\frac{E}{N\hbar\omega} \log\left(1 + \frac{N\hbar\omega}{E}\right) + \log\left(1 + \frac{E}{N\hbar\omega}\right) \right] \tag{2.66}$$

を用いると，(2.63) に従って，温度 T をエネルギー E の関数として求めることができる．

$$\frac{1}{T} = \frac{\partial S}{\partial E} = k_B \left(\frac{1}{\hbar\omega} \log \frac{E + N\hbar\omega}{E} \right) \tag{2.67}$$

エネルギー E を温度 T の関数として表すために，これを逆に解くと，

$$\exp\left(\frac{\hbar\omega}{k_B T}\right) = 1 + \frac{N\hbar\omega}{E} \tag{2.68}$$

であるから，

$$E = \frac{N\hbar\omega}{\exp\left(\frac{\hbar\omega}{k_B T}\right) - 1} \tag{2.69}$$

の表式が得られる．ここで，エントロピーの計算の際に落としていた零点エネルギーの項も加えれば

2. 統計力学の原理

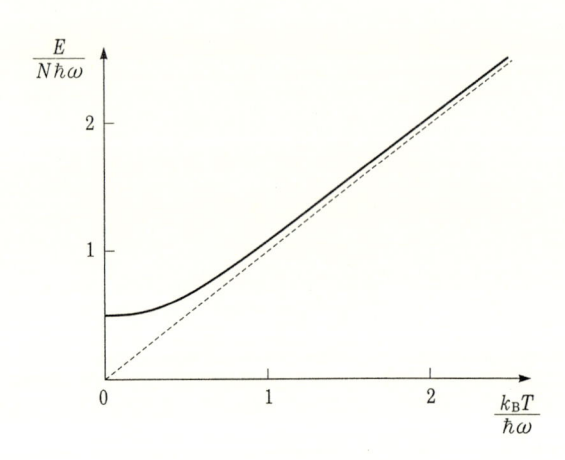

図 2.5 量子調和振動子のエネルギー

$$E = N\hbar\omega \left[\frac{1}{2} + \frac{1}{\exp\left(\frac{\hbar\omega}{k_B T}\right) - 1} \right] \quad (2.70)$$

となる. (2.70) で計算される量子調和振動子のエネルギーの温度依存性を図 2.5 に示す.

例題 2.5

量子調和振動子のエントロピー (2.48) を温度の関数として表せ.

[解] 式 (2.48)

$$S = Nk_B \left[\frac{E}{N\hbar\omega} \log\left(1 + \frac{N\hbar\omega}{E}\right) + \log\left(1 + \frac{E}{N\hbar\omega}\right) \right]$$

に, (2.69)

$$\frac{E}{N\hbar\omega} = \frac{1}{\exp\left(\frac{\hbar\omega}{k_B T}\right) - 1}$$

を代入すると

$$\frac{S}{Nk_{\rm B}} = \frac{1}{\exp\left(\frac{\hbar\omega}{k_{\rm B}T}\right)-1}\frac{\hbar\omega}{k_{\rm B}T} + \log\left[1 + \frac{1}{\exp\left(\frac{\hbar\omega}{k_{\rm B}T}\right)-1}\right]$$

$$= \frac{\frac{\hbar\omega}{k_{\rm B}T}}{1-\exp\left(-\frac{\hbar\omega}{k_{\rm B}T}\right)} - \log\left[\exp\left(\frac{\hbar\omega}{k_{\rm B}T}\right)-1\right]$$

が得られる．

演習問題

[1] 気体分子の出す輝線スペクトルを分光器で観測すると，分子の熱運動のため，ドップラー効果によってスペクトルは広がる．光の強度 I と波長の関係が次のようになることを示せ．

$$I \propto \exp\left[-\frac{mc^2(\lambda-\lambda_0)^2}{2\lambda_0{}^2 k_{\rm B}T}\right]$$

ここで，m は分子の質量，c は光速，λ_0 は分子が静止しているときの輝線スペクトルの波長である．

[2] N 個の独立な粒子から成る系を考え，各粒子はエネルギーが 0 と $\varepsilon\,(>0)$ の 2 つの量子状態をとることができるとする．全系のエネルギーが $M\varepsilon$ となる微視状態のとりうる数 $W_N(M)$ を求め，エントロピーを計算せよ．また，(2.63) に従い，温度 T を定義し，$M < N/2$ のときに全エネルギーと温度の関係を求めよ．粒子数 N は十分に大きいとする．

気体のレーザー冷却とボース凝縮

　気体原子（分子）が運動していると，ドップラー効果により気体原子の発する光のスペクトル線が広がることが観測される（演習問題 [１]）．光はエネルギーと運動量をもつ粒子（光子）と考えることができるので，原子が光を吸収する過程では，原子は光から運動量を受けとり，運動方向や速度が変化する．光を放出する過程でも同様に，原子の運動方向や速度が変化する．

　ここで，気体原子が共鳴吸収する光の振動数より少し低い振動数のレーザー光を原子に照射することを考えてみよう．波長でいうと，共鳴波長よりわずかに波長の長い光を照射する．すると，レーザー光と反対方向に運動している原子は，ドップラー効果により光の振動数を少し高めに感じて光を吸収しやすくなる．光を吸収する結果，原子の運動と逆向きの力を受け，原子は少し減速されることになる．光を放出する方向はランダムであるので，光を放出する過程での力は平均としてゼロになり，光の吸収放出をくり返すことにより原子の速度を遅くすることができる．一方，レーザー光と同じ方向に運動している原子については，光の振動数を低めに感じるので，光を吸収し原子が加速されることは起こりにくい．したがって，レーザー光に向かってくる原子だけを選んで速度を遅くすることができる．レーザー光を前後左右上下から照射すれば，その交わった点では，非常に速度の遅い，すなわち低温の原子の集団を作り出すことができる．これが気体のレーザー冷却の原理である．この原理の開発に対して 1997 年のノーベル物理学賞がチュー，コーエンタヌージ，フィリップスの 3 氏に贈られた．

　最近は，レーザー冷却を使い，さらにその他の実験技術も併用して，非常に低温（10^{-7} K 程度）の原子気体を作り出すことができるようになってきている．その応用として，1995 年に Rb のような大きな原子の気体でのボース凝縮（第 6 章で学ぶ）が実験的に確認された．現在，気体原子のボース凝縮が盛んに研究されている．

3 統計力学の方法

　一般的に確率分布を扱う際には，実現すると考えている事象を要素とする集合を考える．たとえばサイコロの目の確率分布の場合は，多数回サイコロを振って出た目の集りがその集合である．統計力学においては，このような集合を**統計集団**[†]とよぶ．本章では，前章で学んだ統計力学の基礎づけを統計集団の形で整理する．そして，いろいろな統計集団として，小正準集団，正準集団，大正準集団の扱いを学ぶ．

§3.1　小正準集団の方法

　前章で，統計力学の基礎として，等確率の原理を学んだ．そして，全体のエネルギーが一定という条件で微視状態の出現確率を論じたが，粒子数，体積も一定であることを暗に仮定していた．改めて等確率の原理を述べると，

　　「粒子数 N，体積 V，エネルギー E がいずれも一定という条件
　　の下での，平衡状態にある体系においては，その微視状態は，
　　すべて等しい確率で出現する」

ということになる．ここで，等確率の原理により仮定した，等しい出現確率を表している統計集団を**小正準集団**とよぶことにする．また，そのときの分布を**ミクロカノニカル分布**とよぶ．

[†] 同じ性質をもつ多数の系の統計集団（アンサンブル）を扱うことを提唱したのは，ギブスである．J. W. Gibbs: *Elementary Principles in Statistical Mechanics, developed with special reference to the Rational Foundation of Thermodynamics*, Yale University Press, New Haven, 1902.

ここでは，前章とは異なる方法で，等確率の原理から何が導かれるか調べてみよう．N粒子系を考え，個々の粒子の状態のとりうるエネルギーにより分類する．図3.1に示すように，1粒子の状態のとりうるエ

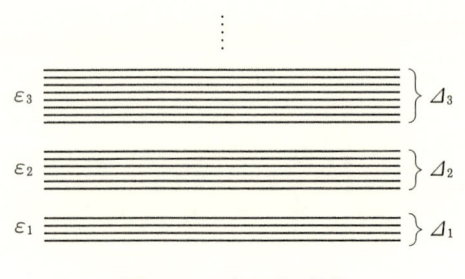

図3.1 エネルギー準位

ネルギーを適当にまとめてε_jと番号付けをすることにする．ε_jには幅があり，Δ_j個の状態は同じε_jをとるとする．エネルギーがε_jである粒子の個数をn_jとすると，粒子数Nと全エネルギーEは

$$N = \sum_j n_j \tag{3.1}$$

$$E = \sum_j \varepsilon_j n_j \tag{3.2}$$

と表される．

同じN，Eを与えるn_jの組$(n_1, n_2, \cdots \equiv \{n_j\})$のとり方の数は多数ある．$N$個の粒子を$(n_1, n_2, \cdots)$に割り当てる場合の数を計算し，$\varepsilon_j$に割り当てられた$n_j$個の要素がそれぞれ$\Delta_j$個の状態をとってもよいことを考慮すると，$\{n_j\}$に対応する微視状態の数が，

$$W_{\{n_j\}} = \frac{1}{N!} \frac{N!}{n_1! \, n_2! \cdots} \Delta_1^{n_1} \Delta_2^{n_1} \cdots \tag{3.3}$$

と求められる．右辺の$1/N!$の項は，粒子の見分けがつかない場合に同等な数を重複して数えないようにするための項である．粒子の見分けがつく場合にはこの項は必要ない．

等確率の原理によると，熱平衡にあればWを最大にする状態がほとんど確実に実現していると考えてよかろう．$N, n_1, n_2, \cdots, \Delta_1, \Delta_2, \cdots$が十分に大きいとして，スターリングの公式(2.45)

§3.1 小正準集団の方法

$$\log N! \cong N(\log N - 1)$$

を用いれば，(3.3) の対数は

$$\log W_{\{n_j\}} \cong N(\log N - 1) - \sum_j n_j(\log n_j - 1) + \sum_j n_j \log \Delta_j$$

$$= N \log N - \sum_j n_j \log \frac{n_j}{\Delta_j} \qquad (3.4)$$

となる．

ここで，(3.1) と (3.2) の条件の下に $\log W_{\{n_j\}}$ を最大にすることを考える．このような条件付きの極値問題を取扱うには，**ラグランジュの未定係数法**を用いるのが便利である．この方法は，未定係数を導入して，条件のない極値問題に置きかえ，あとで未定係数を決定するものである．n_j の微小変化 δn_j に対し，$\log W_{\{n_j\}}$ の変化を計算すると

$$\delta \log W_{\{n_j\}} = - \sum_j \left(\log \frac{n_j}{\Delta_j} + 1 \right) \delta n_j = 0 \qquad (3.5)$$

となる．一方，(3.1) と (3.2) より

$$\delta N = \sum_j \delta n_j = 0 \qquad (3.6)$$

$$\delta E = \sum_j \varepsilon_j \, \delta n_j = 0 \qquad (3.7)$$

の条件が加わるので，α，β を未定係数として

$$\sum_j \left(\log \frac{n_j}{\Delta_j} + \alpha + \beta \varepsilon_j \right) \delta n_j = 0 \qquad (3.8)$$

という極値をとるための条件が求まる．この式が常に成り立つためには

$$\log \frac{n_j}{\Delta_j} + \alpha + \beta \varepsilon_j = 0 \qquad (3.9)$$

であればよい．この条件を満足する $\{n_j\}$ を $\{n_j{}^*\}$ と書くことにすると，

$$n_j{}^* = \Delta_j \, e^{-\alpha - \beta \varepsilon_j} \qquad (3.10)$$

となる．これが，$\log W_{\{n_j\}}$ の最大値を与える $\{n_j\}$ の組である．α，β は，

$$\sum_j \Delta_j \, e^{-\alpha - \beta \varepsilon_j} = N \qquad (3.11)$$

$$\sum_j \Delta_j \, \varepsilon_j \, e^{-\alpha - \beta \varepsilon_j} = E \qquad (3.12)$$

の関係より定める.

いま,
$$Z_1 = \sum_j \Delta_j \, e^{-\beta \varepsilon_j} \tag{3.13}$$
により Z_1 を定義すると, (3.10) は
$$n_j^* = \frac{N}{Z_1} \Delta_j \, e^{-\beta \varepsilon_j} \tag{3.14}$$
と書くこともできる. この Z_1 のことを**状態和**, あるいは**分配関数**とよぶ.

ここで, (2.47) のボルツマンの関係が成り立つとして, W を最大とする $\{n_j^*\}$ をとるときのエントロピーを計算してみよう.
$$S = k_B \log W_{\{n_j^*\}} = k_B (N \log N + \alpha N + \beta E) \tag{3.15}$$
と書き直せるので, (2.63) を用いて
$$\frac{\partial S}{\partial E} = \frac{1}{T} = k_B \beta \tag{3.16}$$
となる. したがって,
$$\beta = \frac{1}{k_B T} \tag{3.17}$$
の関係が得られるが, (3.14) に代入すると, 前節で求めたボルツマン因子 (2.65) が得られる.

§3.2 正準集団の方法

小正準集団の方法では, エネルギーが一定の統計集団を扱ったが, 現実の体系を考えるときには, 温度 T を指定した取扱いが便利である. 粒子数 N, 体積 V, 温度 T が指定された平衡状態にある体系を扱う方法が, **正準集団**の方法である.

体系の温度が指定されているということは, その体系が外界と接しながら熱平衡状態にあることを意味する. 正準集団の取扱いをする際には, ある体系の M 個のコピーを考えるのが便利である. ここで考える体系は多くの粒子から成り, また粒子間の相互作用があってもよい. また, M 個のコピーの

エネルギーの総和 E_0 は一定であるが，コピー間ではエネルギーの交換が可能であるとする．このとき，エネルギーの指定される各状態の出現する確率を求める．j 番目の状態に分類される（エネルギーが E_j である）コピーの個数を M_j とすると，M 個のコピーがとりうる状態の数は，

$$W = \frac{M!}{\prod_j M_j!} \tag{3.18}$$

となる．全コピーのエネルギーは一定なので，等確率の原理を用い，付加条件

$$\sum_j M_j = M \tag{3.19}$$

$$\sum_j E_j M_j = E_0 \tag{3.20}$$

のもとに $\log W$ を最大とすることを考える．スターリングの公式 (2.45) を用いて，

$$\begin{aligned}\log W &\cong M(\log M - 1) - \sum_j M_j(\log M_j - 1) \\ &= M \log M - \sum_j M_j \log M_j\end{aligned} \tag{3.21}$$

と書きかえると，極値の条件は，

$$\delta \log W = -\sum_j (\log M_j + 1)\, \delta M_j = 0 \tag{3.22}$$

となり，付加条件から得られる

$$\sum_j \delta M_j = 0 \tag{3.23}$$

$$\sum_j E_j\, \delta M_j = 0 \tag{3.24}$$

と合わせてラグランジュの未定係数法を用いると，

$$\sum_j (\log M_j + \alpha + \beta E_j)\, \delta M_j = 0 \tag{3.25}$$

という条件になる．

小正準集団の方法で (3.14) を導いたときと同様の手順で，結局，体系がエネルギー E_j の状態を占める確率が，

$$\frac{M_j}{M} = \frac{e^{-\beta E_j}}{\sum_j e^{-\beta E_j}} \tag{3.26}$$

であることが導かれる．状態和を

$$Z = \sum_j e^{-\beta E_j} \tag{3.27}$$

により定義すれば

$$\frac{M_j}{M} = \frac{e^{-\beta E_j}}{Z} \tag{3.28}$$

と書くことができる．状態和の計算では，和は許されるすべてのエネルギーについてとる．

　ここで，β は前節と同様の議論で

$$\beta = \frac{1}{k_B T}$$

となるので，得られた結果をまとめると次のようになる．粒子数 N，体積 V，温度 T が指定された平衡状態にある体系で，エネルギーが E_j である微視状態の出現確率は，

$$p(E_j) = \frac{e^{-\beta E_j}}{Z} = \frac{e^{-\beta E_j}}{\sum_j e^{-\beta E_j}} \tag{3.29}$$

で与えられる．この分布を**カノニカル分布**とよび，また，カノニカル分布に従う統計集団が正準集団である．

　正準集団での物理量 A の平均値は，通常の平均値の計算の手続きにより

$$\langle A \rangle = \frac{1}{Z} \sum_j A_j\, e^{-\beta E_j} \tag{3.30}$$

と計算される．したがって，エネルギーは

$$E = \langle E \rangle = \frac{1}{Z} \sum_j E_j\, e^{-\beta E_j} = -\frac{\partial}{\partial \beta} \log Z \tag{3.31}$$

で計算できる．比熱の計算は

$$C_V = \frac{\partial E}{\partial T} = -k_B \beta^2 \frac{\partial E}{\partial \beta} \tag{3.32}$$

§3.2 正準集団の方法　31

状態和と自由エネルギーの関係

状態和の意味を考えてみよう．(3.27) において，β を $\beta + d\beta$ と変化させたときの $\log Z$ の変化を調べると，

$$d(\log Z) = \frac{dZ}{Z} = \frac{-\sum_j E_j e^{-\beta E_j} d\beta}{\sum_j e^{-\beta E_j}} = -\langle E \rangle d\beta \quad (3.33)$$

となる．$\beta = 1/k_{\rm B}T$ であり，$d\beta = -dT/k_{\rm B}T^2$ であるから，

$$d(\log Z) = \frac{\langle E \rangle}{k_{\rm B} T^2} dT \quad (3.34)$$

のように表される．ここで，熱力学で知られている**ヘルムホルツの自由エネルギー** F に関する

$$E = -T^2 \left[\frac{\partial}{\partial T}\left(\frac{F}{T}\right)\right]_V \quad (3.35)$$

という関係式（**ギブス－ヘルムホルツの式**）と比べると，

$$F = -k_{\rm B} T \log Z \quad (3.36)$$

という関係が導かれる．すなわち，ヘルムホルツの自由エネルギーが状態和より求められることになる．また，エントロピーは，自由エネルギーの結果を用いて

$$S = -\frac{\partial F}{\partial T} = k_{\rm B} \beta^2 \frac{\partial F}{\partial \beta} \quad (3.37)$$

のように計算される．

エネルギーのゆらぎ

比熱の計算 (3.32) にエネルギーの平均値のカノニカル分布による表式 (3.31) を代入することにより，

$$C_V = \frac{\partial \langle E \rangle}{\partial T} = -k_{\rm B} \beta^2 \frac{\partial}{\partial \beta}\left(\frac{\sum_j E_j e^{-\beta E_j}}{Z}\right)$$

$$= k_{\rm B} \beta^2 \left[\frac{\sum_j E_j^2 e^{-\beta E_j}}{Z} - \frac{(\sum_j E_j e^{-\beta E_j})^2}{Z^2}\right]$$

$$= k_B \beta^2 (\langle E^2 \rangle - \langle E \rangle^2) \tag{3.38}$$

という関係式が得られる．これは，比熱がエネルギーのゆらぎで計算できるという，分子運動論の議論で (2.27) に与えた関係式をカノニカル分布一般へ拡張したものである．

状態和の分離

考えている体系のエネルギーが独立な部分に分かれているとき，すなわち，

$$E = E^{(a)} + E^{(b)} + E^{(c)} + \cdots \tag{3.39}$$

のように表されているとき，状態和は，

$$Z = Z^{(a)} \cdot Z^{(b)} \cdot Z^{(c)} \cdots \tag{3.40}$$

と，それぞれの部分の状態和の積で与えられる．特に，体系が同等な N 個の独立な粒子から成っていれば，その状態和は

$$Z = (Z_1)^N \tag{3.41}$$

で与えられることになる．ここで，Z_1 は 1 粒子についての状態和である．

量子調和振動子の場合

すでに前章で量子調和振動子のエネルギーの温度依存性を扱ったが，同じ問題を正準集団の方法で計算してみよう．角振動数が ω である N 個の調和振動子から成る体系を考えるが，1 個の振動子の固有エネルギーは

$$\varepsilon_n = \hbar\omega \left(n + \frac{1}{2} \right) \quad (n = 0, 1, \cdots)$$

で与えられる．許されるすべてのエネルギーについて和をとることにより，1 振動子についての状態和を計算すると，

$$Z_1 = \sum_{n=0}^{\infty} e^{-\beta \varepsilon_n} = \frac{e^{-\beta \hbar \omega / 2}}{1 - e^{-\beta \hbar \omega}} \tag{3.42}$$

となる．したがって，N 粒子系の平均エネルギーは，(3.31)，(3.41) の関係を用いると

$$E = -N \frac{\partial}{\partial \beta} \log Z_1$$

$$= N\left(\frac{\hbar\omega}{2} + \frac{\hbar\omega e^{-\beta\hbar\omega}}{1 - e^{-\beta\hbar\omega}}\right)$$

$$= N\hbar\omega\left(\frac{1}{2} + \frac{1}{e^{\beta\hbar\omega} - 1}\right) \tag{3.43}$$

と計算される．これは (2.70) で求めた結果と同じである．

また，ヘルムホルツの自由エネルギーを (3.36) に従って計算すると

$$F = -Nk_\mathrm{B}T \log Z_1$$

$$= -Nk_\mathrm{B}T\left[-\frac{\beta}{2}\hbar\omega - \log(1 - e^{-\beta\hbar\omega})\right]$$

$$= N\hbar\omega\left[\frac{1}{2} + \frac{1}{\beta\hbar\omega}\log(1 - e^{-\beta\hbar\omega})\right] \tag{3.44}$$

となる．

例題 3.1

(3.37) に従って量子調和振動子のエントロピーを計算し，例題 2.5 の結果と比較せよ．

[解]
$$\frac{S}{k_\mathrm{B}} = \beta^2 \frac{\partial}{\partial\beta} F = N\beta^2 \frac{\partial}{\partial\beta}\left[\frac{1}{\beta}\log(1 - e^{-\beta\hbar\omega})\right]$$

$$= N\left[-\log(e^{\beta\hbar\omega} - 1) + \frac{\beta\hbar\omega}{1 - e^{-\beta\hbar\omega}}\right]$$

が得られ，例題 2.5 の結果と一致する．

§3.3 大正準集団の方法

正準集団の方法ではエネルギーの変動を考えたが，粒子数 N も変動を許す取扱いが便利なことがある．これが，**大正準集団**の方法である．

大正準集団における状態の分布を調べるためには，正準集団の場合とほとんど並行して議論を進めることができる．エネルギー，粒子が交換可能な M 個のコピーを考えることにする．N_i 個の粒子を含み，エネルギーが E_{ij} であるコピーの個数を M_{ij} とする．また，粒子数 N_i を固定したときのエネルギーを表すために E_{ij} とした．M 個全体のエネルギーを E_0，粒子数 N_0 は一定と

する．そのとき，M 個のコピーを M_{ij} に分ける配置の数は，

$$W = \frac{M!}{\prod_{i,j} M_{ij}!} \tag{3.45}$$

となる．付加条件

$$\sum_{ij} M_{ij} = M \tag{3.46}$$

$$\sum_{ij} E_{ij} M_{ij} = E_0 \tag{3.47}$$

$$\sum_{ij} N_i M_{ij} = N_0 \tag{3.48}$$

のもとに $\log W$ を最大にするために，例によって，スターリングの公式 (2.45) を用い，

$$\log W \cong M \log M - \sum_{ij} M_{ij} \log M_{ij} \tag{3.49}$$

と書きかえると，極値の条件は，付加条件と合わせて

$$\sum_{ij} (\log M_{ij} + \alpha + \beta E_{ij} + \gamma N_i) \delta M_{ij} = 0 \tag{3.50}$$

となる．ここで，α, β, γ はラグランジュの未定係数である．

正準集団の場合と同様の計算で，体系が粒子数 N_i をもち，エネルギー E_{ij} の状態を占める確率が，

$$\frac{M_{ij}}{M} = \frac{e^{-\beta E_{ij} - \gamma N_i}}{\sum_{ij} e^{-\beta E_{ij} - \gamma N_i}} \tag{3.51}$$

と求まる．また，

$$Z_G = \sum_{ij} e^{-\beta E_{ij} - \gamma N_i} \tag{3.52}$$

により定義される**大きな状態和**，あるいは**大分配関数**を用いると，(3.51) の出現確率は

$$\frac{M_{ij}}{M} = \frac{e^{-\beta E_{ij} - \gamma N_i}}{Z_G} \tag{3.53}$$

と表すことができる．また，物理量 A の平均値は

$$\langle A \rangle = \frac{1}{Z_G} \sum_{ij} A_{ij} \, e^{-\beta E_{ij} - \gamma N_i} \tag{3.54}$$

により計算される．粒子数も変動するので，その平均値は

$$\langle N \rangle = \frac{\sum_{ij} N_i \, e^{-\beta E_{ij} - \gamma N_i}}{\sum_{ij} e^{-\beta E_{ij} - \gamma N_i}} \tag{3.55}$$

により計算される．

化学ポテンシャル

β は正準集団の場合と同様に $1/k_B T$ となるが，γ の意味を考えてみよう．そのために，(3.52) において，V を一定にし，β を $\beta + d\beta$，γ を $\gamma + d\gamma$ と変化させたときの $\log Z_G$ の変化を調べると，

$$d(\log Z_G) = \frac{dZ_G}{Z_G} = \frac{-\sum_{ij} E_{ij} \, e^{-\beta E_{ij}} \, d\beta - \sum_{ij} N_i \, e^{-\beta E_{ij}} \, d\gamma}{\sum_{ij} e^{-\beta E_{ij}}}$$

$$= -\langle E \rangle \, d\beta - \langle N \rangle \, d\gamma = \langle E \rangle \frac{dT}{k_B T^2} - \langle N \rangle \, d\gamma \tag{3.56}$$

となる．ここで熱力学の関係式

$$E - TS + pV = N\mu \tag{3.57}$$

より導かれる

$$d\left(\frac{pV}{k_B T}\right) = N d\left(\frac{\mu}{k_B T}\right) + \frac{E}{k_B T^2} \, dT + \frac{p}{k_B T} \, dV \tag{3.58}$$

の式と比較してみよう．なお，μ は化学ポテンシャルである．いま，体積 V は一定としているので

$$\log Z_G = \frac{pV}{k_B T} \tag{3.59}$$

$$\gamma = -\frac{\mu}{k_B T} \tag{3.60}$$

と対応させればよいことがわかる．

したがって，得られた結果をいいかえると，体積 V，温度 T，考えている物質の化学ポテンシャル μ が指定された体系では，粒子数が N_i でエネルギーが E_{ij} の微視状態の出現確率が

$$p(N_i, E_{ij}) = \frac{e^{-\beta(E_{ij}-\mu N_i)}}{Z_G} = \frac{e^{-\beta(E_{ij}-\mu N_i)}}{\sum_{ij} e^{-\beta(E_{ij}-\mu N_i)}} \tag{3.61}$$

で与えられることになる．この分布を**グランドカノニカル分布**とよぶ．また，グランドカノニカル分布に従う統計集団が大正準集団である．

(3.54) の平均値の式は

$$\langle A \rangle = \frac{1}{Z_G} \sum_{ij} A_{ij}\, e^{-\beta(E_{ij}-\mu N_i)} \tag{3.62}$$

となる．

熱力学ポテンシャル

大きな状態和 (3.52) を $\gamma = -\beta\mu$ により書きかえると

$$Z_G = \sum_{ij} e^{-\beta(E_{ij}-\mu N_i)} \tag{3.63}$$

となる．

$$Z_G = \exp(-\beta\Omega) \tag{3.64}$$

すなわち，

$$\log Z_G = -\beta\Omega \tag{3.65}$$

の式により定義される Ω を**熱力学ポテンシャル**とよぶ．(3.59) からわかるように

$$\Omega = -pV \tag{3.66}$$

である．また，粒子数の平均値の計算には

$$\langle N \rangle = k_B T \left(\frac{\partial \log Z_G}{\partial \mu}\right)_{V,T} = -\left(\frac{\partial \Omega}{\partial \mu}\right)_{V,T} \tag{3.67}$$

の関係が便利である．

粒子数のゆらぎ

大正準集団の方法では体系の粒子数は固定していない．正準集団の方法でエネルギーのゆらぎを議論したときと同様の関係を粒子数のゆらぎについて示すことができる．すなわち，

$$\frac{\partial \langle N \rangle}{\partial \mu} = \frac{\partial}{\partial \mu} \left(\frac{\sum_{ij} N_i \, e^{-\beta(E_{ij}-\mu N_i)}}{Z_G} \right)$$

$$= \beta \left[\frac{\sum_{ij} N_i^2 \, e^{-\beta(E_{ij}-\mu N_i)}}{Z_G} - \frac{\left(\sum_{ij} N_i \, e^{-\beta(E_{ij}-\mu N_i)}\right)^2}{Z_G{}^2} \right]$$

$$= \beta \left(\langle N^2 \rangle - \langle N \rangle^2 \right) \tag{3.68}$$

という関係式が得られる．これは，カノニカル分布におけるエネルギーのゆらぎの (3.38) に対応している．

演習問題

[1] 任意の物理量 A のカノニカル分布に対する平均値 $\langle A \rangle$ について

$$-\frac{\partial \langle A \rangle}{\partial \beta} = \langle AE \rangle - \langle A \rangle \langle E \rangle$$

の関係を証明せよ．特に A としてエネルギー E を選ぶと，(3.38) となる．

[2] 第 2 章の演習問題 [2] と同様に，各粒子のエネルギーが 0 と $\varepsilon \,(>0)$ の 2 つの量子状態をとる N 個の独立な粒子から成る系を考える．正準集団の方法を用いてエネルギーの温度依存性を求めよ．また，比熱を計算せよ．

[3] 量子系のハミルトニアンを $\mathcal{H}$ とする．正準集団を考えると状態和 Z が

$$Z = \mathrm{tr}\,(e^{-\beta \mathcal{H}})$$

と書けることを示せ．ただし，tr は対角和を表す記号である．

[4] 演算子 A で記述される物理量を考えると，量子系のカノニカル分布に関する平均値が

$$\langle A \rangle = \frac{\mathrm{tr}\,(A e^{-\beta \mathcal{H}})}{\mathrm{tr}\,(e^{-\beta \mathcal{H}})}$$

と表されることを示せ．

レプリカ

統計力学の基礎づけを行う際に,同じ性質をもつ多数の系の統計集団(アンサンブル)を扱うことが便利であることを学んだ.同じような考え方が,ランダム系を取扱う統計力学的手法の一つであるレプリカ法で使われる.

第7章で磁性体の相転移の統計力学を学ぶが,均一の相互作用ではなく,強磁性相互作用と反強磁性相互作用が混じりあっている磁性体などがランダム系の例として挙げられる.そのようなランダム系の統計力学を論じるためには,ある相互作用の配置 j に対する統計力学的平均を計算し,さらにランダムな相互作用の配置について平均をとる必要がある.レプリカ法では,数学的恒等式

$$\log Z_j = \lim_{n \to 0} \frac{1}{n}(Z_j^n - 1)$$

を利用し,共通の相互作用配置をもつ複数個の複製された系(レプリカ)を取扱う.さらに,統計力学的平均とランダム変数に関する平均操作の順序を交換することにより,均一系に関して知られている統計力学的手法をランダム系に適用することができる道が開けた.

ランダム磁性体に特有な相転移であるスピングラスの問題を扱う際には,レプリカの間でスピン変数がどの程度共通の値をとるかという量がスピングラス相を表現するのに重要であるし,またシミュレーションの手法としても,レプリカを巧みに利用したモンテカルロ法の方法が提案されるなど,同一の系を複製したレプリカという概念は発展して使われている.

4 統計力学の応用

前章までに統計力学の方法を学んだ．本章では，その方法をいろいろな系に応用し，統計力学的性質を調べていく．具体的には，2原子分子気体，固体の格子振動，格子欠陥，気体分子の吸着の問題を扱う．

§4.1 2原子分子気体の回転比熱

O_2, CO, HCl などの2原子分子の集団から成る気体を考えよう．1個の分子のエネルギーは重心の並進運動エネルギーと内部運動のエネルギーの和で表される．内部運動としては，分子を剛体と見なしての回転や2原子間の距離の変動による振動などの運動が考えられる．また，原子核の周りの電子状態からの寄与もある．したがって，2原子分子の内部運動のエネルギー準位は

$$\mathcal{H} = \mathcal{H}_e + \mathcal{H}_{vib} + \mathcal{H}_{rot} \tag{4.1}$$

のように与えられる．ここで，$\mathcal{H}_e$, $\mathcal{H}_{vib}$, $\mathcal{H}_{rot}$ はそれぞれ，電子エネルギー，振動エネルギー，回転エネルギーである．実際にはそれぞれの運動は互いに関連しているが，ある近似のもとでは独立な寄与をすると見なすことができる．実際に，適当な温度範囲ではこの近似は妥当なものとなる．

ここでは，2原子分子の回転エネルギーを考えることにする．図4.1に示すように，原子 A，B から成る2原子分子の重心を O として，分子の向きを極座標を用いて (θ, φ) で表すと，回転の運動エネルギーのハミルトニアンは，

$$\mathcal{H} = \frac{P_\theta^2}{2I} + \frac{P_\varphi^2}{2I\sin^2\theta} \tag{4.2}$$

のように与えられる．ここで，I は慣性モーメントで，P_θ, P_φ はそれぞれ θ, φ に対応する正準共役運動量である．量子論的には，この回転運動エネルギーのエネルギー準位は，量子数 (l, m) で指定される．l は回転運動量に対応する量子数で，$l = 0, 1, 2, \cdots$，$m = -l, -l+1, \cdots, l-1, l$ の値をとる．(l, m) 状態のエネルギー準位は

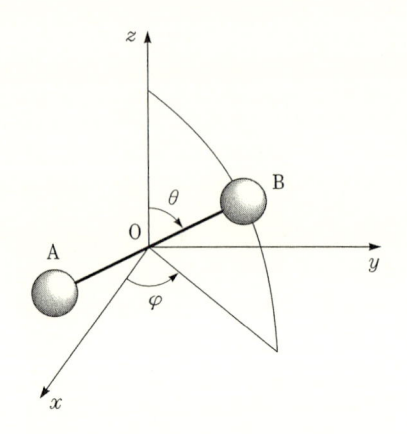

図4.1 回転する2原子分子のモデル

$$E_l = \frac{\hbar^2 l(l+1)}{2I} \tag{4.3}$$

で与えられ，$(2l+1)$ 重に縮退している．

ここでは，COやHClのような2種の原子から成る異核2原子分子を念頭におくことにする．同種の原子から成る等核2原子分子の場合には，素粒子の統計性に基づく波動関数の対称性の要請を満足するように考慮する必要があるが，異核2原子分子の場合にはその必要はない．

この系の統計力学を議論するために，正準集団の方法を適用しよう．そのためには，状態和の計算を行えばよい．各分子は独立なので，1粒子当りの状態和

$$Z_1 = \sum_{l=0}^{\infty} (2l+1) e^{-\beta E_l} \tag{4.4}$$

の計算をすればよいが，この和は厳密には実行できない．そこで，低温，高温の極限の振舞を調べることにする．

まず低温，すなわち，$\beta\hbar^2/I \gg 1$ の条件が成立する場合を考えよう．このときは，(4.4) の和の中で $l = 0, 1$ のみをとることにする．すなわち，

§4.1 2原子分子気体の回転比熱

$$Z_1 \cong 1 + 3e^{-\beta\hbar^2/I} \tag{4.5}$$

と近似する.(3.31),(3.32)を用いて,エネルギー,比熱を計算すると,

$$E = -\frac{\partial}{\partial \beta}\log Z$$

$$\cong \frac{3N\dfrac{\hbar^2}{I}e^{-\beta\hbar^2/I}}{1+3e^{-\beta\hbar^2/I}} \cong 3N\frac{\hbar^2}{I}e^{-\beta\hbar^2/I} \tag{4.6}$$

$$C_V = -k_B\beta^2\frac{\partial E}{\partial \beta}$$

$$\cong -k_B\beta^2\left(3N\frac{\hbar^2}{I}\right)\left(-\frac{\hbar^2}{I}\right)e^{-\beta\hbar^2/I} = 3Nk_B\left(\frac{\hbar^2\beta}{I}\right)^2 e^{-\beta\hbar^2/I} \tag{4.7}$$

が得られる.

---例題 4.1---

(3.36),(3.37)を用いて,低温,すなわち,$\beta\hbar^2/I \gg 1$ における自由エネルギー,エントロピーを求めよ.

[解] (4.5)を(3.36),(3.37)に代入すると

$$F = -k_B T \log Z$$

$$\cong -Nk_B T 3 e^{-\beta\hbar^2/I}$$

$$S = k_B \beta^2 \frac{\partial}{\partial \beta} F$$

$$\cong 3Nk_B\left(1+\frac{\beta\hbar^2}{I}\right)e^{-\beta\hbar^2/I}$$

が得られる.

高温,すなわち,$\beta\hbar^2/I \ll 1$ の条件が成立する場合には,**オイラー-マクローリンの総和公式**を用いて,和を積分で置きかえる.すなわち,

$$\sum_{n=0}^{\infty} f(n) = \int_0^{\infty} f(x)\,dx + \frac{1}{2}f(0) - \frac{1}{12}f'(0) + \frac{1}{720}f'''(0) - \cdots \tag{4.8}$$

であることを使う．いまの場合，$f(x)$ として
$$f(x) = (2x+1)e^{-x(x+1)\sigma} \tag{4.9}$$
の関数を考えればよい．ここで，$\sigma = \beta\hbar^2/2I$ である．
$$f(0) = 1, \quad f'(0) = 2-\sigma, \quad f'''(0) = -12\sigma + 12\sigma^2 - \sigma^3 \tag{4.10}$$
であり，また，
$$\int_0^\infty f(x)\,dx = \int_0^\infty (2x+1)e^{-x(x+1)\sigma}\,dx$$
$$= \frac{1}{\sigma}\int_0^\infty d\xi\, e^{-\xi} = \frac{1}{\sigma} \tag{4.11}$$
であるので，1粒子当りの状態和 Z_1 は
$$Z_1 \cong \frac{1}{\sigma} + \frac{1}{2} - \frac{1}{12}(2-\sigma) + \frac{1}{720}(-12\sigma + 12\sigma^2 - \sigma^3) + \cdots$$
$$= \frac{1}{\sigma} + \frac{1}{3} + \frac{\sigma}{15} + O(\sigma^2) \tag{4.12}$$
と計算される．したがって，エネルギーは
$$E = -\frac{\partial}{\partial\beta}(\log Z)$$
$$\cong -N\frac{\partial}{\partial\beta}\log\left(\frac{2I}{\beta\hbar^2} + \frac{1}{3} + \frac{1}{15}\frac{\beta\hbar^2}{2I}\right)$$
$$= -N\left[-\frac{1}{\beta} + \frac{\partial}{\partial\beta}\log\left(1 + \frac{\beta\hbar^2}{6I} + \frac{\beta^2\hbar^4}{60I^2}\right)\right]$$
$$= N\left(\frac{1}{\beta} - \frac{\hbar^2}{6I} - \frac{2\beta\hbar^2}{360I^2}\right) \tag{4.13}$$
となり，比熱も同様に
$$C_V = -k_B\beta^2\frac{\partial}{\partial\beta}E \cong Nk_B\beta^2\left(\frac{1}{\beta^2} + \frac{2\hbar^4}{360I^2}\right)$$
$$= Nk_B\left(1 + \frac{\beta^2\hbar^4}{180I^2}\right) \tag{4.14}$$
と計算される．高温の極限では $C_V \to Nk_B$ となり，回転運動の自由度が1分子当り2であることから，エネルギー等分配則が成り立っていることがわかる．

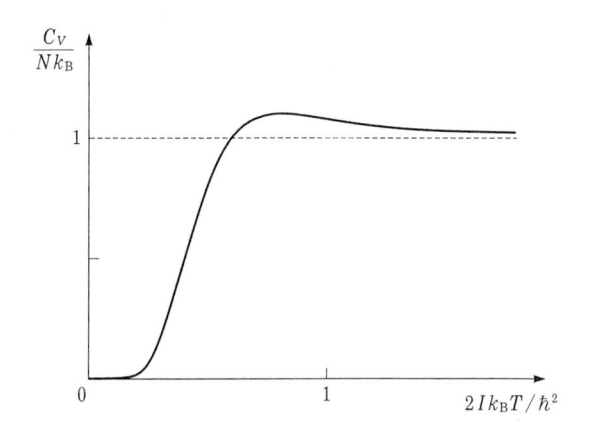

図 4.2 2原子分子気体の回転比熱

(4.7) と (4.14) がそれぞれ低温,高温での比熱の振舞を与えるが,全温度領域の比熱を求めるためには,(4.4) の状態和を数値的に計算する.図 4.2 に,比熱の温度依存性を示してある.横軸は $2Ik_BT/\hbar^2$,縦軸は C_V/Nk_B をとり,無次元化してあることに注意されたい.なお,比熱は $2Ik_BT/\hbar^2 = 0.81$ の付近で最大値 $C_V/Nk_B = 1.1$ をとる.

§4.2 固体の格子振動比熱

固体は,それを構成する原子(あるいは,分子,イオン)が規則正しく配列したものである.固体における規則的な配列を**格子**とよび,格子上の原子はそのつり合いの位置の周りで熱運動のために振動をしている.これを**格子振動**とよぶ.ここでは,固体の格子振動による比熱を考え,格子振動を扱うモデルとして,アインシュタインモデル,デバイモデルの2つをとり上げる.

アインシュタインモデル

固体中のすべての原子が互いに独立に等しい振動数の調和振動を行っていると考えるのが,**アインシュタインモデル**である.原子の数を N とすれば,

3次元系では，$3N$個の1次元調和振動子の集りを考えることになる．ここで，角振動数をω_Eとする．この問題はすでに量子調和振動子の問題として扱っているので，(3.44)，(3.43)でNを$3N$と変えれば，自由エネルギー，エネルギーの表式がそれぞれ，

$$F = 3N\hbar\omega_E\left[\frac{1}{2} + \frac{1}{\beta\hbar\omega_E}\log(1 - e^{-\beta\hbar\omega_E})\right] \quad (4.15)$$

$$E = 3N\hbar\omega_E\left(\frac{1}{2} + \frac{1}{e^{\beta\hbar\omega_E} - 1}\right) \quad (4.16)$$

と得られる．比熱を計算すると，

$$C_V = -k_B\beta^2\frac{\partial E}{\partial \beta} = -3Nk_B\hbar\omega_E\beta^2\frac{(-\hbar\omega_E)e^{\beta\hbar\omega_E}}{(e^{\beta\hbar\omega_E} - 1)^2}$$

$$= 3Nk_B(\beta\hbar\omega_E)^2\frac{e^{\beta\hbar\omega_E}}{(e^{\beta\hbar\omega_E} - 1)^2}$$

$$= 3Nk_B\left(\frac{\Theta_E}{T}\right)^2\frac{e^{\Theta_E/T}}{(e^{\Theta_E/T} - 1)^2} \quad (4.17)$$

となる．ここで，$\Theta_E \equiv \hbar\omega_E/k_B$は温度の次元をもつ量である．アインシュタインモデルの格子振動の比熱の温度依存性を図4.3に示してあるが，横軸はT/Θ_E，縦軸は$C_V/3Nk_B$をとり，無次元化してある．

ここで，高温，すなわち$\Theta_E/T \ll 1$の振舞を調べると，

$$C_V \cong 3Nk_Bx^2\frac{1 + x + \dfrac{x^2}{2}}{\left(x + \dfrac{x^2}{2} + \dfrac{x^3}{6}\right)^2}$$

$$\cong 3Nk_B\frac{1 + x + \dfrac{x^2}{2}}{1 + x + \dfrac{7}{12}x^2}$$

$$\cong 3Nk_B\left[1 - \frac{1}{12}\left(\frac{\Theta_E}{T}\right)^2\right] \quad (4.18)$$

となる．なお，計算の途中で，$x = \Theta_E/T$という変数を用いた．したがって高温度極限で，古典論の値$3Nk_B$（**デュロン-プティの法則**）に近づくことが

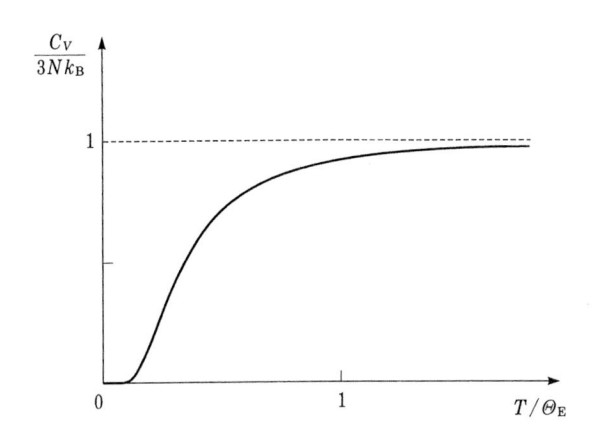

図 4.3 アインシュタインモデルの比熱

示される.これはエネルギー等分配則である.
一方,低温,すなわち $\Theta_E/T \gg 1$ では,

$$C_V \cong 3Nk_B\left(\frac{\Theta_E}{T}\right)^2 e^{-\Theta_E/T} \tag{4.19}$$

となり,0 K に近づくと比熱がゼロになること,すなわち,**熱力学第 3 法則**を満足することがわかる.しかし,現実の多くの物質の比熱のデータと比べると,急速にゼロに近づきすぎるので,その点を改良したのが次に示すデバイモデルである.

デバイモデル

固体の各原子は相互作用によって強く結合しており,その運動は互いに関連して起こる.そこで,固体を連続弾性体と見なし,弾性体の振動を基準振動に分解することを考える.導出の詳細は例題とするが,等方弾性体の波動方程式を解くことにより,角振動数が ω と $\omega + d\omega$ の間にある平面波の数として,

$$g(\omega)\, d\omega = \frac{V}{2\pi^2 c^3}\, \omega^2\, d\omega \tag{4.20}$$

という表式が得られる．この $g(\omega)$ を状態密度とよび，c は弾性波の速さを表す量である．(4.20) を導くに当っては，弾性波の角振動数 ω と波数 k の間の関係 $\omega = ck$ を用いた．このような ω と k の間の関係を，一般に**分散関係**とよぶ．また，(4.20) は 1 つの波当りの表式であって，3 次元物質では 1 つの縦波と 2 つの横波があることを考慮する必要がある．くわしくいうと，縦波と横波で速さ c が異なるが，平均的な速さを考えることにすれば，状態密度の表式として，(4.20) を 3 倍すればよい．

例題 4.2

1 辺が L の立方体について，固体原子の微小変位が波動方程式に従うと考え，角振動数が ω と $\omega + d\omega$ の間にある平面波の数が (4.20) であることを導け．

[**解**]　周期的境界条件で波動方程式

$$\left(\frac{\partial^2}{\partial x^2} + \frac{\partial^2}{\partial y^2} + \frac{\partial^2}{\partial z^2}\right) u - \frac{1}{c^2}\frac{\partial^2 u}{\partial t^2} = 0$$

を満足する平面波の解 $u = e^{-i\boldsymbol{k}\cdot\boldsymbol{r} - i\omega t}$ を考えると，

$$\boldsymbol{k} = \frac{2\pi}{L}\boldsymbol{n}, \quad \boldsymbol{n} = (n_1, n_2, n_3), \quad n_i = 0, \pm 1, \pm 2, \cdots$$

$$k^2 - \frac{\omega^2}{c^2} = 0, \quad k = |\boldsymbol{k}|$$

が得られる．したがって，角振動数が ω より小さい固有振動の数は

$$n_1^2 + n_2^2 + n_3^2 = \left(\frac{L}{2\pi}\right)^2 \frac{\omega^2}{c^2}$$

を満足する 3 つの整数の組の数になる．L が十分に大きいとすれば，このような整数の組の数は $\boldsymbol{n}$ の空間で半径が $L\omega/2\pi c$ の体積に等しいと考えられ

$$\frac{4\pi}{3}\left(\frac{L\omega}{2\pi c}\right)^3$$

となる．したがって，ω と $\omega + d\omega$ の間にある平面波の数は，微分して

§4.2 固体の格子振動比熱   47

$$4\pi \frac{L^3 \omega^2}{(2\pi c)^3} d\omega = \frac{V}{2\pi^2 c^3} \omega^2 d\omega$$

となる.

基準振動の自由度の総数が $3N$ であることから，どのような角振動数の振動も考えてよいわけではなく，角振動数に制限が加わる．そこで，

$$\int_0^{\omega_D} g(\omega) \, d\omega = 3N \tag{4.21}$$

の式により，角振動数 ω_D を決めることにする．この ω_D を**デバイ振動数**，あるいは，**デバイのカットオフ**とよぶ．

デバイ振動数を決める式は，

$$\frac{V}{2\pi^2} \frac{3}{c^3} \int_0^{\omega_D} \omega^2 \, d\omega = 3N \tag{4.22}$$

となり，これを解くと，

$$\omega_D{}^3 = 3 \frac{N}{V} 2\pi^2 c^3 \tag{4.23}$$

すなわち，

$$\omega_D = \left(\frac{3N \cdot 2\pi^2}{V} \right)^{1/3} c \tag{4.24}$$

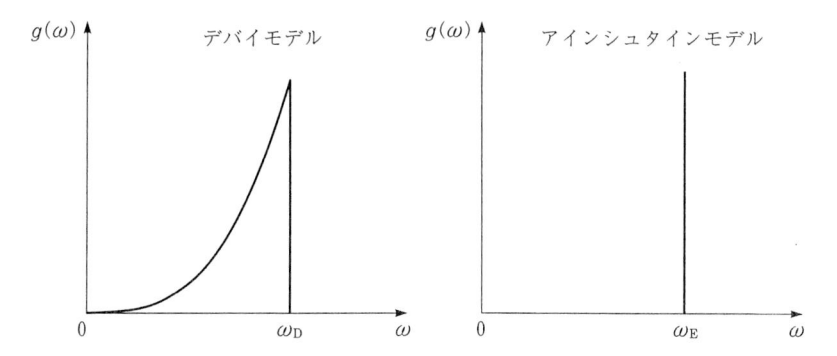

図 **4.4** デバイモデルとアインシュタインモデルの状態密度の比較

となる．ということは，状態密度 $g(\omega)$ として，

$$g(\omega) = \begin{cases} \dfrac{9N}{\omega_D^3}\omega^2 & (\omega \leq \omega_D) \\ 0 & (\omega > \omega_D) \end{cases} \quad (4.25)$$

を考えることになる．これが**デバイモデル**で，その状態密度 $g(\omega)$ を図 4.4 に示してある．アインシュタインモデルの場合の状態密度と比較してあるが，アインシュタインモデルでは同一の角振動数を考えているので，状態密度はデルタ関数を用いて，$g(\omega) = 3N\delta(\omega - \omega_E)$ と表される．

デバイモデルに基づいて格子振動の統計力学を調べるためには，各角振動数 ω について得られた表式を状態密度に関して積分する必要がある．自由エネルギーは，

$$\begin{aligned} F &= \int_0^{\omega_D} d\omega\, g(\omega) \left[\frac{1}{2}\hbar\omega + \frac{1}{\beta}\log(1 - e^{-\beta\hbar\omega}) \right] \\ &= \frac{9N}{\omega_D^3}\int_0^{\omega_D} d\omega\, \omega^2 \left[\frac{1}{2}\hbar\omega + \frac{1}{\beta}\log(1 - e^{-\beta\hbar\omega}) \right] \\ &= \frac{9}{8}N\hbar\omega_D + 3N\frac{1}{\beta}\log(1 - e^{-\beta\hbar\omega_D}) - N\frac{1}{\beta}D(\beta\hbar\omega_D) \end{aligned} \quad (4.26)$$

となる．

ここで

$$D(x) = \frac{3}{x^3}\int_0^x dt\, \frac{t^3}{e^t - 1} \quad (4.27)$$

で定義される関数を用いたが，この関数は**デバイ関数**とよばれる．デバイ関数の微分は，再びデバイ関数を用いて

$$D'(x) = -\frac{3}{x}D(x) + \frac{3}{e^x - 1} \quad (4.28)$$

と計算される．

例題 4.3

デバイ関数の微分に関する式 (4.28) を示せ．

[解] (4.27)を微分して

$$D'(x) = \frac{d}{dx}\left(\frac{3}{x^3}\int_0^x dt\, \frac{t^3}{e^t - 1}\right)$$

$$= -3\frac{3}{x^4}\int_0^x dt\, \frac{t^3}{e^t - 1} + \frac{3}{x^3}\frac{x^3}{e^x - 1}$$

$$= -\frac{3}{x}D(x) + \frac{3}{e^x - 1}$$

が得られる.

エネルギー, 比熱について計算を進めると,

$$E = \frac{\partial}{\partial \beta}(\beta F) = \frac{9}{8}N\hbar\omega_D + 3N\frac{\hbar\omega_D}{e^{\beta\hbar\omega_D} - 1} - N\hbar\omega_D\, D'(\beta\hbar\omega_D)$$

$$= \frac{9}{8}N\hbar\omega_D + 3N\frac{1}{\beta}D(\beta\hbar\omega_D) \tag{4.29}$$

$$C_V = -k_B\beta^2\frac{\partial E}{\partial \beta}$$

$$= -k_B\beta^2 \cdot 3N\left[-\frac{1}{\beta^2}D(\beta\hbar\omega_D) + \frac{\hbar\omega_D}{\beta}D'(\beta\hbar\omega_D)\right]$$

$$= 3Nk_B\left[4D\left(\frac{\Theta_D}{T}\right) - \frac{3\frac{\Theta_D}{T}}{e^{\Theta_D/T} - 1}\right] \tag{4.30}$$

と, デバイ関数を用いた表式が得られる. ここで, $\Theta_D \equiv \hbar\omega_D/k_B$ は温度の次元をもつ量で, **デバイ温度**とよぶ.

(4.30)にはデバイ関数が含まれているので, 高温, 低温における比熱の温度依存性の性質を調べるには, $D(x)$ のそれぞれ $x \ll 1$, $x \gg 1$ における展開式を求めるとよい. $x \ll 1$ のときは,

$$D(x) \cong 1 - \frac{3}{8}x + \frac{x^2}{20} \tag{4.31}$$

と展開され, 一方 $x \gg 1$ のときは,

$$D(x) \cong \frac{\pi^4}{5}\frac{1}{x^3} - 3e^{-x} - \frac{9}{x}e^{-x} \tag{4.32}$$

と展開される．(4.32) を導く際に，

$$\int_0^\infty \frac{t^3}{e^t - 1}\, dt = 6 \sum_{n=1}^\infty \frac{1}{n^4} = \frac{\pi^4}{15} \tag{4.33}$$

の関係式を用いた．したがってデバイモデルの比熱は，高温，すなわち $\Theta_D/T \ll 1$ では，

$$\begin{aligned}
C_V &\cong 3Nk_B \left[4\left(1 - \frac{3}{8}x + \frac{x^2}{20}\right) - \frac{3x}{x + \frac{x^2}{2} + \frac{x^3}{6}} \right] \\
&\cong 3Nk_B \left[1 - \frac{1}{20}\left(\frac{\Theta_D}{T}\right)^2 \right]
\end{aligned} \tag{4.34}$$

となり，一方，低温，すなわち $\Theta_D/T \gg 1$ では

$$C_V \cong 3Nk_B \left(\frac{4\pi^4}{5} \frac{1}{x^3} - 3xe^{-x} \right)$$

すなわち，

$$C_V \cong 3Nk_B \frac{4\pi^4}{5} \left(\frac{T}{\Theta_D} \right)^3 \tag{4.35}$$

という表式が得られる．なお，計算の途中で，$x = \Theta_D/T$ という表記を用いた．(4.35) によれば，固体の格子振動比熱は，低温で T の 3 乗に比例することになる．このことを**デバイの T^3 則**とよぶ．

温度が T のとき，エネルギーに寄与する振動子は $\hbar\omega < k_B T$ のエネルギーのものであるとすると，(4.25) に与えられている状態密度が ω^2 に比例しているから，全エネルギーへの寄与は

$$\sim N \int_0^{k_B T/\hbar} \hbar\omega \left(\frac{\omega^2}{\omega_D^3} \right) d\omega \sim N\hbar\omega_D \left(\frac{k_B T}{\hbar \omega_D} \right)^4 \tag{4.36}$$

程度であると推測される．したがって，これを温度で微分すれば，くわしい計算をすることなく，比熱が T の 3 乗に比例することが考察される．この T^3 則を含め，デバイモデルによる固体の格子振動比熱の結果は，幅広い物質について成り立っている．多くの物質のデバイ温度 Θ_D は数十〜数百 K 程

度である．さらに定量的に実験値との対応をよくするために，状態密度 $g(\omega)$ を他の実験で求められた値を使うなどの改良が行われている．

§4.3 格子欠陥

結晶を議論する際には，原子が規則正しく配列した完全結晶から議論を出発させる．しかし，現実の結晶にはいろいろな欠陥が存在する．欠陥として，ある原子が格子点から格子のすきまに移動する場合と，ある原子が結晶表面に移動して空孔ができる場合が考えられる．前者を**フレンケル欠陥**，後者を**ショットキー欠陥**とよぶ．図 4.5 にフレンケル欠陥とショットキー欠陥の概念図を示してある．統計力学の取扱いは両者ともほとんど同様であるので，ここではフレンケル欠陥の場合をとり上げることにする．

N 個の原子が格子を組んで完全結晶を作っているとする．N 個の原子のうち n 個（$1 \ll n \ll N$）を格子点から格子のすきまに移す．格子のすきまの原子が入り得る点の数 N' は N と同程度であるとする．ここで，ε を 1 個の原

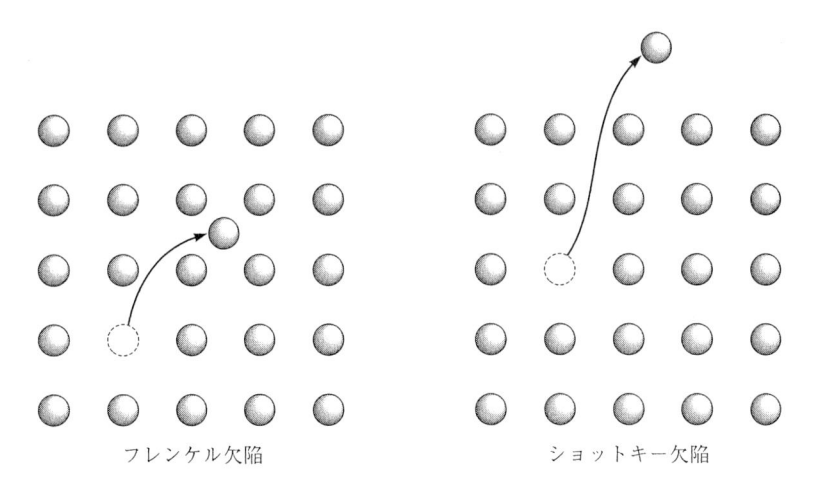

フレンケル欠陥   ショットキー欠陥

図 4.5　フレンケル欠陥とショットキー欠陥

子を格子点からすきまに移すのに必要なエネルギーとすると，n 個の欠陥が生じたときの全エネルギーは，

$$E = n\varepsilon \tag{4.37}$$

となる．また，N 個の格子点から n 個の原子を取り除いて，N' 個のすきまに配列する方法の数は，

$$W_n = \frac{N!}{(N-n)!\,n!} \frac{N'!}{(N'-n)!\,n!} \tag{4.38}$$

で与えられるので，エントロピーは，

$$\begin{aligned}
S &= k_B \log W_n \\
&= k_B [N \log N - (N-n) \log (N-n) - n \log n \\
&\quad + N' \log N' - (N'-n) \log (N'-n) - n \log n]
\end{aligned} \tag{4.39}$$

と計算される．温度 T が与えられたときの平衡条件は，$F = E - TS$ を極小にする n を探せばよいので，

$$\begin{aligned}
\frac{\partial F}{\partial n} &= \varepsilon - k_B T [\log (N-n) - \log n + \log (N'-n) - \log n] \\
&= 0
\end{aligned} \tag{4.40}$$

より求めると，

$$\frac{\varepsilon}{k_B T} = \log \frac{(N-n)(N'-n)}{n^2} \tag{4.41}$$

となる．したがって，

$$\frac{n^2}{(N-n)(N'-n)} = \exp\left(-\frac{\varepsilon}{k_B T}\right) \tag{4.42}$$

と計算される．$N' \sim N \gg n$ であれば，

$$n \cong \sqrt{NN'} \exp\left(-\frac{\varepsilon}{2k_B T}\right) \tag{4.43}$$

となるが，これは温度 T を与えたときの欠陥の濃度を与える表式である．

§4.4　気体分子の吸着

図4.6に示すように，気体と接触した固体表面にN_0個の分子が吸着しうる場所，すなわち**吸着中心**があるとする．吸着中心は気体分子1個だけ吸着可能である．吸着した分子のエネルギーは，静止している自由分子のエネルギーよりもεだけ低いとする．一方，気体の化学ポテンシャルをμとすると，μは気体の圧力p，温度Tを与えれば定まる．n個の分子が吸着しているときの全エネルギーは$-n\varepsilon$であり，そのような状態の数は

$$\frac{N_0!}{n!(N_0-n)!} \tag{4.44}$$

で与えられる．

粒子数が変化するので，吸着分子の数を調べるためには大正準集団の取扱いが便利である．(3.63)を用いて大きな状態和を計算すると，

$$\begin{aligned}Z_G &= \sum_{n=0}^{N_0} e^{\beta\mu n}\frac{N_0!}{n!(N_0-n)!}e^{\beta n\varepsilon} \\ &= [1+e^{\beta(\mu+\varepsilon)}]^{N_0}\end{aligned} \tag{4.45}$$

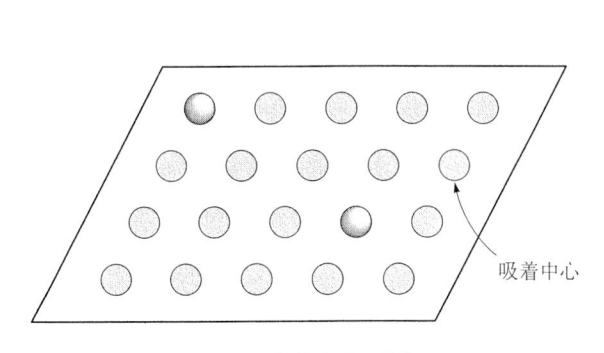

図4.6　気体分子の吸着

となる．したがって，吸着分子の平均数は (3.67) を用いて

$$\frac{\langle n \rangle}{N_0} = \frac{1}{N_0} \frac{1}{\beta} \left(\frac{\partial}{\partial \mu} \log Z_G \right)_\beta = \frac{e^{\beta(\mu+\varepsilon)}}{1 + e^{\beta(\mu+\varepsilon)}}$$

すなわち，

$$\frac{\langle n \rangle}{N_0} = \frac{1}{1 + e^{-\beta(\mu+\varepsilon)}} \tag{4.46}$$

と直ちに計算することができる．

気体を古典理想気体とすると，化学ポテンシャル μ は，熱力学の関係式

$$\mu = -T \left(\frac{\partial S}{\partial N} \right)_{E,V} \tag{4.47}$$

に (2.49) を代入することにより

$$\mu = -k_B T \log \frac{V}{N} \left(\frac{4\pi mE}{3h^2 N} \right)^{3/2} \tag{4.48}$$

と得られる．したがって，

$$\begin{aligned} e^{\beta\mu} &= \frac{N}{V} \left(\frac{3h^2 N}{4\pi mE} \right)^{3/2} \\ &= \frac{p}{k_B T} \left(\frac{h^2}{2\pi m k_B T} \right)^{3/2} \\ &= \frac{p}{k_B T} \lambda_T^3 \end{aligned} \tag{4.49}$$

と計算される．なお，式の導出に当っては，理想気体の関係式

$$E = \frac{3}{2} N k_B T, \qquad pV = N k_B T \tag{4.50}$$

を用いた．また，ここで

$$\lambda_T \equiv \frac{h}{\sqrt{2\pi m k_B T}} \tag{4.51}$$

は**熱的ド・ブロイ波長**とよばれる量で第6章でも取扱う．

(4.49) を (4.46) に代入すると，吸着分子数を圧力，温度の関数として与える表式が

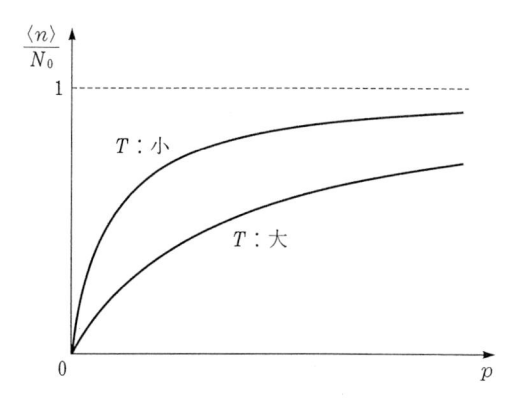

図 4.7 ラングミュアの等温吸着式

$$\frac{\langle n \rangle}{N_0} = \frac{1}{1 + \frac{k_B T}{p \lambda_T^3} \exp\left(-\frac{\varepsilon}{k_B T}\right)}$$

$$= \frac{p}{p + \frac{k_B T}{\lambda_T^3} \exp\left(-\frac{\varepsilon}{k_B T}\right)} \quad (4.52)$$

と得られる.この式は**ラングミュアの等温吸着式**とよばれる.高温,低温のときの吸着分子数を圧力の関数として表したグラフを図 4.7 に示してある.

演習問題

[1] 2原子分子の回転比熱を古典力学で考えてみよう.(4.2)を用いて状態和

$$Z_1 = \frac{1}{(2\pi\hbar)^2} \int dP_\theta \int dP_\varphi \int d\theta \int d\varphi \exp(-\beta E)$$

を計算することにより,比熱を計算せよ.

[2] 1次元,2次元の固体の低温における比熱がそれぞれ T,T^2 に比例することをデバイモデルに基づいて示せ.

[3] 3次元固体中に分散関係が $\omega \propto k^n$ で与えられるような波動が存在するとき,この波動による比熱が低温の極限で $T^{3/n}$ に比例することを示せ. $n=1$ は弾性波に相当する.

[4] 完全結晶を作る N 個の原子のうち,n 個の原子が結晶表面に移動してできるショットキー欠陥を考える.1個のショットキー欠陥を作るのに要するエネルギーを ε とするとき,温度 T におけるショットキー欠陥の数を求めよ.

[5] ゴム弾性に関する簡単なモデルとして,図に示すような N 個の小要素から成る鎖が1次元的に連結されている系を考える.各要素の長さを a,鎖の両端の距離を x とし,また $N \gg 1$ であるとする.鎖の両端の距離が x となる配列の数を求め,x の関数として鎖のエントロピーを求めよ.また,この鎖が温度 T にあるとき,両端の距離を x に保つために必要とする力が

$$\frac{k_\mathrm{B} T}{2a} \log\left(\frac{Na+x}{Na-x}\right)$$

で与えられることを示せ.なお,鎖は自由に折れ曲がるとする.

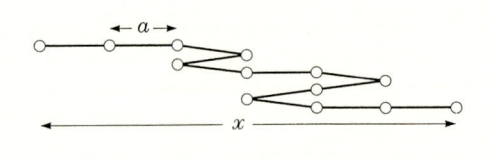

縦 列 駐 車

　自動車の運転免許証をとる際に苦労するものの一つに縦列駐車がある．ちょっと意外であるが，縦列駐車の問題が統計力学と関連している．

　道路の片側に自動車を順に駐車するとしよう．簡単のために自動車の長さは同じであるとする．車間間隔を気にしないで，来た順にデタラメに駐車したとする．自動車の長さより短いすきまができると，もうそこには駐車できない．すなわち，無駄なスペースができることになる．このようにして次々に駐車して，これ以上駐車できなくなったとき，駐車に有効に利用される道路の割合はどれくらいだろうか．この問題は厳密に解くことができる．道路が十分に長い場合に道路の有効利用の割合は簡単な定積分で表すことができ，$0.7475979\cdots$ となる．

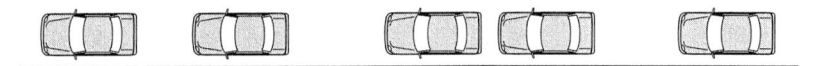

　縦列駐車の問題は1次元問題であるが，その2次元版は，花見の際に敷物を順にデタラメに敷きつめる問題になる．各グループが同じ正方形の敷物を早い者勝ちで敷いていくと無駄なスペースができる．この場合の平面の有効利用の割合は厳密には解けない．数値シミュレーションによる見積りでは平面が十分に広い場合に $0.5620\cdots$ となる．この値は，敷物の方向を一定とした場合の値であり，敷物の角度も自由にとれるようにすると有効利用割合は異なってくる．

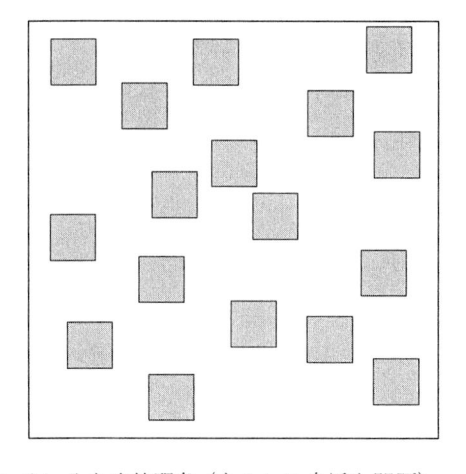

　この問題は連続吸着の問題として，いろいろな自然現象（あるいは身近な問題）に登場する．熱平衡の統計力学ではないが，広い意味の統計力学の問題として，統計力学的手法が応用できる．

5 ボース統計とフェルミ統計

量子力学によると，体系のとりうるエネルギーは離散的な値をとる．すなわち，量子化される．すでにこのことは統計力学の扱いの中で考慮してきたが，さらに電子や陽子などの同種の素粒子の2個以上の集りを量子力学で考える場合には，粒子を区別できないことによる素粒子の統計性を考慮することが必要である．

§5.1 素粒子の統計性

相互作用のない同等な N 個の粒子から成る系を考えよう．ハミルトニアンが

$$\mathcal{H} = -\frac{\hbar^2}{2m} \sum_{i=1}^{N} \nabla_i^2 \tag{5.1}$$

で与えられるとき，シュレーディンガー方程式

$$\mathcal{H}\psi = E\psi \tag{5.2}$$

を満足する解として，1粒子状態の積を仮定してみよう．1粒子状態の波動関数 ϕ_{k_i} は

$$\mathcal{H}\phi_{k_i} = \varepsilon_{k_i}\phi_{k_i} \tag{5.3}$$

の解として与えられる．そのとき，

$$\psi = \phi_{k_1}(r_1)\,\phi_{k_2}(r_2)\cdots\phi_{k_N}(r_N) \tag{5.4}$$

は確かに (5.2) の解となっていて，

$$E = \varepsilon_{k_1} + \varepsilon_{k_2} + \cdots + \varepsilon_{k_N} \tag{5.5}$$

§5.1 素粒子の統計性

となる．しかし量子力学によれば，同等な2つの粒子の波動関数 $\phi(r_i, r_j)$ は，粒子の座標の入れかえに関して不変であるもの（対称）

$$\phi(r_j, r_i) = \phi(r_i, r_j) \tag{5.6}$$

と，符号を交換して不変であるもの（反対称）

$$\phi(r_j, r_i) = -\phi(r_i, r_j) \tag{5.7}$$

のいずれかしかないことが知られている．粒子の座標の入れかえに関して対称である粒子を**ボース粒子**，反対称である粒子を**フェルミ粒子**とよぶ．(5.4) の波動関数は，(5.6), (5.7) の関係を満足していない．

ここで，2粒子の場合に

$$\phi(r_1, r_2) \propto \phi_1(r_1)\phi_2(r_2) + \phi_2(r_1)\phi_1(r_2) \tag{5.8}$$

と選べば対称性を満足し，

$$\phi(r_1, r_2) \propto \phi_1(r_1)\phi_2(r_2) - \phi_2(r_1)\phi_1(r_2) \tag{5.9}$$

と選べば反対称性を満足することがわかる．

一般に，同種の N 粒子の場合，任意の2つの粒子の座標の交換に対する対称性を満足する波動関数

$$\phi(r_1, r_2, \cdots, r_N) = \frac{1}{\sqrt{N!}} \sum_P \phi_1(Pr_1)\phi_2(Pr_2) \cdots \phi_N(Pr_N) \tag{5.10}$$

を**完全対称波動関数**とよび，ボース粒子の波動関数としての条件を満たす．ここで，P は粒子の置換を表す演算子で，$(Pr_1, Pr_2, \cdots, Pr_N)$ で表される置換の組合せは $N!$ 通りある．(5.10) の右辺の総和は，その $N!$ 通りの可能な置換に関して和をとることとする．

一方，任意の2つの粒子の座標の交換に対する反対称性を満足する同種の N 粒子の波動関数

$$\phi(r_1, r_2, \cdots, r_N) = \frac{1}{\sqrt{N!}} \sum_P (-1)^P \phi_1(Pr_1)\phi_2(Pr_2) \cdots \phi_N(Pr_N) \tag{5.11}$$

を**完全反対称波動関数**とよび，フェルミ粒子の波動関数の条件を満たす．ここで，$(-1)^P$ は偶置換のとき $+1$，奇置換のとき -1 とする．偶置換とは，偶数回の 2 粒子の交換で表される置換のことで，奇置換は，奇数回の 2 粒子の交換で表される置換のことである．(5.10)，(5.11) の前に付いた $1/\sqrt{N!}$ は規格化因子で，1 粒子波動関数 ϕ_{k_i} が規格化されていることを仮定している．また，(5.11) は行列式の形

$$\psi(r_1, r_2, \cdots, r_N) = \frac{1}{\sqrt{N!}} \begin{vmatrix} \phi_1(r_1) & \cdots & \phi_1(r_N) \\ \phi_2(r_1) & \cdots & \phi_2(r_N) \\ \vdots & & \vdots \\ \phi_N(r_1) & \cdots & \phi_N(r_N) \end{vmatrix} \quad (5.12)$$

にも表すことができ，これを**スレーター行列式**とよぶ．

ここで，(5.9)，(5.11) のフェルミ粒子の波動関数をみると，同じ状態に 2 個以上の粒子がくると波動関数がゼロになる，すなわち，フェルミ粒子は 1 つの 1 粒子状態を 1 個しか占めることができないことがわかる．これを**パウリ原理**という．これに対し，(5.8)，(5.10) のボース粒子の波動関数の場合には，1 粒子状態に入る個数に制限はない．

§5.2 ボース分布とフェルミ分布

§3.1 で示した小正準集団の方法に従って，同種粒子の統計力学を調べよう．同種粒子系では粒子が区別できないので，個々の粒子がどの量子状態にあるかを考えることは意味がない．図 3.1 に示したように，1 粒子状態のエネルギー準位を適当にまとめて ε_j と番号付けをして，各 ε_j で指定される状態は Δ_j 個あるものとする．N 個の粒子のうち，ε_j で指定される状態にある粒子がそれぞれ n_j 個あるとしよう．

ボース粒子の場合は，Δ 種のものから重複を許して n 個を取る組合せの数は，

$$\frac{(n+\Delta-1)!}{n!(\Delta-1)!} \quad (5.13)$$

であるから，全系の1粒子状態への粒子の分布の方法の数は，

$$W_{\{n_j\}} = \prod_j \frac{(n_j + \varDelta_j - 1)!}{n_j!(\varDelta_j - 1)!} \tag{5.14}$$

となる．

一方，フェルミ粒子の場合は，$\varDelta$ 種のものから重複を許さないで n 個を取る組合せの数を求めればよく，この数は，

$$\frac{\varDelta!}{n!(\varDelta - n)!} \tag{5.15}$$

となる．したがって，全系の状態数は，

$$W_{\{n_j\}} = \prod_j \frac{\varDelta_j!}{n_j!(\varDelta_j - n_j)!} \tag{5.16}$$

となる．

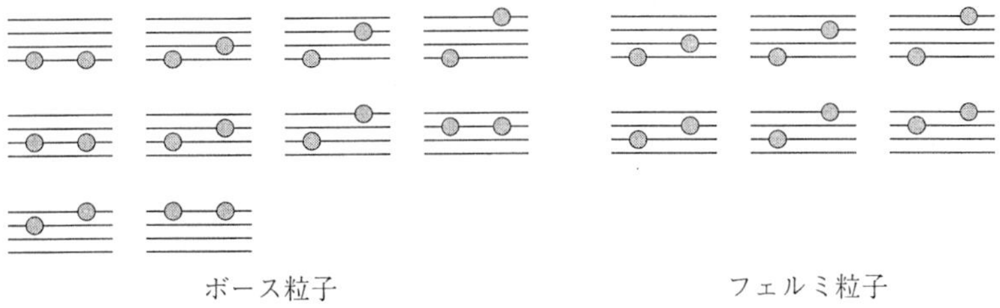

　　　　　ボース粒子　　　　　　　　　フェルミ粒子

図 5.1 ボース粒子とフェルミ粒子の状態数の比較

図 5.1 に，$\varDelta$ 種の状態から粒子の占める n 個を選ぶ組合せの数について，ボース粒子，フェルミ粒子の比較を行なっている．$\varDelta = 4$, $n = 2$ の例で，ボース粒子では $5!/3!2! = 10$，フェルミ粒子では $4!/2!2! = 6$ となる．

粒子数とエネルギーが

$$N = \sum_j n_j \tag{5.17}$$

$$E = \sum_j \varepsilon_j n_j \tag{5.18}$$

で与えられるとして，小正準集団の方法により平衡分布 $\{n_j\}$ を求めてみよう．

ボース統計

ボース粒子の場合には，全系の状態数の対数をとると，

$$\log W_{\{n_j\}} = \log \prod_j \frac{(n_j + \Delta_j - 1)!}{n_j!\,(\Delta_j - 1)!}$$

$$= \sum_j \log \frac{(n_j + \Delta_j - 1)!}{n_j!\,(\Delta_j - 1)!} \qquad (5.19)$$

である．ここで，n_j, $\Delta_j \gg 1$ であるとして，スターリングの公式 (2.45) を用いると，この式は

$$\log W_{\{n_j\}} \cong \sum_j \left[(n_j + \Delta_j) \log (n_j + \Delta_j) - n_j \log n_j - \Delta_j \log \Delta_j \right] \qquad (5.20)$$

となる．なお，$\Delta_j \gg 1$ であるから，$\Delta_j - 1 \cong \Delta_j$ とした．極値の条件は，

$$\delta \log W_{\{n_j\}} = \sum_j \left[\log (\Delta_j + n_j) - \log n_j \right] \delta n_j = 0 \qquad (5.21)$$

$$\delta N = \sum_j \delta n_j = 0 \qquad (5.22)$$

$$\delta E = \sum_j \varepsilon_j\, \delta n_j = 0 \qquad (5.23)$$

となり，ラグランジュの未定係数法を用い，未定係数 α, β を使って

$$\sum_j \left(-\log \frac{\Delta_j + n_j}{n_j} + \alpha + \beta \varepsilon_j \right) \delta n_j = 0 \qquad (5.24)$$

となる．この式が常に成り立つためには，すべての j に対して

$$-\log \frac{\Delta_j + n_j}{n_j} + \alpha + \beta \varepsilon_j = 0 \qquad (5.25)$$

でなければならない．これを満足する $\{n_j\}$ を $\{n_j{}^*\}$ と表すことにすると，

$$n_j{}^* = \frac{\Delta_j}{e^{\alpha + \beta \varepsilon_j} - 1} \qquad (5.26)$$

となる．この粒子数分布を**ボース分布**（あるいは，**ボース-アインシュタイン分布**）とよび，ボース粒子系のこのような統計的性質を**ボース統計**[†]とよ

[†] インドのボースは，プランクの熱放射の式を導出する論文を書いて，アインシュタインへ論文投稿の仲介を依頼する手紙を書いた．アインシュタインは論文の価値を認めて，ドイツ語に翻訳して論文誌に発表した．S. N. Bose: "Planck's Gesetz und Lichtquantenhypothese", Z. Phys. **26** (1924) 178-181.

ぶ．始めに導入した未定係数 α, β は，

$$\sum_j \frac{\Delta_j}{e^{\alpha+\beta\varepsilon_j} - 1} = N \tag{5.27}$$

$$\sum_j \frac{\varepsilon_j \Delta_j}{e^{\alpha+\beta\varepsilon_j} - 1} = E \tag{5.28}$$

により決定される．

フェルミ統計

フェルミ粒子の場合にボース粒子の (5.19) に対応するものは

$$\log W_{\{n_j\}} = \log \prod_j \frac{\Delta_j!}{n_j!(\Delta_j - n_j)!}$$

$$= \sum_j \log \frac{\Delta_j!}{n_j!(\Delta_j - n_j)!} \tag{5.29}$$

である．ここで，$n_j, \Delta_j \gg 1$ であるとして，再びスターリングの公式 (2.45) を用いると，この式は

$$\log W_{\{n_j\}} \cong \sum_j \left[\Delta_j \log \Delta_j - n_j \log n_j - (\Delta_j - n_j) \log (\Delta_j - n_j) \right]$$

$$\tag{5.30}$$

となる．極値の条件は

$$\delta \log W_{\{n_j\}} = \sum_j \left[\log (\Delta_j - n_j) - \log n_j \right] \delta n_j \tag{5.31}$$

であることから，ラグランジュの未定係数法を用いて

$$\sum_j \left(-\log \frac{\Delta_j - n_j}{n_j} + \alpha + \beta \varepsilon_j \right) \delta n_j = 0 \tag{5.32}$$

となる．この式が常に成り立つための条件から，

$$n_j^* = \frac{\Delta_j}{e^{\alpha+\beta\varepsilon_j} + 1} \tag{5.33}$$

が得られる．この粒子数分布を**フェルミ分布**（あるいは，**フェルミ－ディラック分布**）とよぶ．また，フェルミ粒子系のこのような統計的性質を**フェルミ統計**とよぶ．未定係数 α, β は，

64   5. ボース統計とフェルミ統計

$$\sum_j \frac{\Delta_j}{e^{\alpha+\beta\varepsilon_j}+1} = N \tag{5.34}$$

$$\sum_j \frac{\varepsilon_j \Delta_j}{e^{\alpha+\beta\varepsilon_j}+1} = E \tag{5.35}$$

により決定される．

未定係数の意味

ここで，α, β が何を意味するか考えてみよう．エントロピーの表式は，ボース統計，フェルミ統計を合わせて

$$\begin{aligned}
S &= k_B \log W_{\{n_j^*\}} \\
&= k_B \sum_j \left[\pm (\Delta_j \pm n_j^*) \log (\Delta_j \pm n_j^*) - n_j^* \log n_j^* \mp \Delta_j \log \Delta_j \right]
\end{aligned} \tag{5.36}$$

と複号を用いて表すことができる．今後，複号の順は，上がボース統計，下がフェルミ統計を表すことにする．

偏微分を実行すると

$$\begin{aligned}
\left(\frac{\partial S}{\partial N}\right)_E &= \sum_j \left(\frac{\partial S}{\partial n_j^*}\right)\left(\frac{\partial n_j^*}{\partial N}\right)_E \\
&= k_B \sum_j \left[\log(\Delta_j \pm n_j^*) - \log n_j^*\right]\left(\frac{\partial n_j^*}{\partial N}\right)_E \\
&= k_B \sum_j (\alpha + \beta\varepsilon_j)\left(\frac{\partial n_j^*}{\partial N}\right)_E
\end{aligned} \tag{5.37}$$

同様に

$$\left(\frac{\partial S}{\partial E}\right)_N = k_B \sum_j (\alpha + \beta\varepsilon_j)\left(\frac{\partial n_j^*}{\partial E}\right)_N \tag{5.38}$$

が得られる．一方，(5.17)，(5.18) の両辺を微分することにより，

$$\sum_j \left(\frac{\partial n_j^*}{\partial N}\right)_E = 1, \quad \sum_j \left(\frac{\partial n_j^*}{\partial E}\right)_N = 0$$

$$\sum_j \varepsilon_j \left(\frac{\partial n_j^*}{\partial N}\right)_E = 0, \quad \sum_j \varepsilon_j \left(\frac{\partial n_j^*}{\partial E}\right)_N = 1$$

の関係が得られるので，結局

$$\left(\frac{\partial S}{\partial N}\right)_E = \alpha k_B \tag{5.39}$$

$$\left(\frac{\partial S}{\partial E}\right)_N = \beta k_B \tag{5.40}$$

となる．ここで，熱力学の関係式

$$\frac{\mu}{T} = -\left(\frac{\partial S}{\partial N}\right)_{E,V} \tag{5.41}$$

$$\frac{1}{T} = \left(\frac{\partial S}{\partial E}\right)_{N,V} \tag{5.42}$$

と比較すると，ラグランジュの未定係数 α, β が

$$\alpha = -\frac{\mu}{k_B T} \tag{5.43}$$

$$\beta = \frac{1}{k_B T} \tag{5.44}$$

と導かれる．なお，(5.44) は (3.17) で導いたものと同じである．

§5.3　大正準集団による取扱い

(5.26), (5.33) で得た同種粒子の粒子数分布に，(5.43), (5.44) で求めた未定係数を代入してみると，温度 T, 化学ポテンシャル μ を始めから指定した取扱いが便利なことが予想される．そこで，大正準集団の考え方を使って同種粒子の粒子数分布を見直してみよう．(3.63) で定義した大きな状態和 Z_G の計算には，

$$Z_G = \sum_N \sum_{\Sigma n_i = N} e^{-\beta(E-\mu N)} \tag{5.45}$$

のように，まず $\sum n_i = N$ を満たすすべての粒子数分布に関して和をとり，次に N について和をとればよい．ところが，すべての N に対する和を行うため，n_j は独立に変るとして計算してよいので，扱いやすい．したがって大きな状態和は

$$Z_G = \sum_{n_j} e^{-\beta(\sum_j \varepsilon_j n_j - \mu \sum_j n_j)} \tag{5.46}$$

の表式で計算できる．(5.46) で，和は n_j の許される値について加えること

を意味する．ボース粒子の場合には $n_j = 0, 1, 2, \cdots, \infty$ で，フェルミ粒子の場合には $n_j = 0, 1$ である．したがって，

$$Z_G = \sum_{n_j} \prod_j e^{-\beta(\varepsilon_j - \mu)n_j}$$

$$= \begin{cases} \prod_j \dfrac{1}{1 - e^{-\beta(\varepsilon_j - \mu)}} & (\text{ボース粒子}) \\ \prod_j [1 + e^{-\beta(\varepsilon_j - \mu)}] & (\text{フェルミ粒子}) \end{cases} \quad (5.47)$$

この両者を合わせて

$$Z_G = \prod_j [1 \mp e^{-\beta(\varepsilon_j - \mu)}]^{\mp 1} \quad (5.48)$$

と表すことができる．複号の順は，前と同じように，上がボース統計，下がフェルミ統計とする．

熱力学ポテンシャルとエントロピー

(3.65) で定義した熱力学ポテンシャル Ω は，

$$\Omega = -\frac{1}{\beta} \log Z_G$$

$$= \pm \frac{1}{\beta} \sum_j \log [1 \mp e^{-\beta(\varepsilon_j - \mu)}] \quad (5.49)$$

と計算される．粒子数分布 $\langle n_j \rangle$ は，

$$\langle n_j \rangle = \frac{\sum n_j e^{-\beta(E - \mu N)}}{\sum e^{-\beta(E - \mu N)}} = -\frac{\partial}{\partial(\beta \varepsilon_j)} \log Z_G = \frac{\partial \Omega}{\partial \varepsilon_j}$$

したがって

$$\langle n_j \rangle = \frac{1}{e^{\beta(\varepsilon_j - \mu)} \mp 1} \quad (5.50)$$

と得られるが，これは (5.26), (5.33) と一致する．したがって，n_j の総和を与える式は

$$\sum_j \langle n_j \rangle = \sum_j \frac{1}{e^{\beta(\varepsilon_j - \mu)} \mp 1} = N \quad (5.51)$$

となる．なお，$\beta(\varepsilon_j - \mu)$ が非常に大きいときには，

$$\langle n_j \rangle \sim e^{-\beta(\varepsilon_j - \mu)} \qquad (5.52)$$

となり，(2.10), (3.29), (3.61) に表されている古典的なマクスウェル–ボルツマン分布が再現される．古典的な粒子のこのような統計的性質を**マクスウェル–ボルツマン統計**，あるいは，**ボルツマン統計**とよぶ．

エントロピーは，熱力学の関係式を用いて

$$\begin{aligned}
S &= -\left(\frac{\partial \Omega}{\partial T}\right)_{V,\mu} \\
&= \mp k_B \sum_j \log\left[1 \mp e^{-\beta(\varepsilon_j - \mu)}\right] + \frac{1}{T}\sum_j \frac{\varepsilon_j - \mu}{e^{\beta(\varepsilon_j - \mu)} \mp 1}
\end{aligned} \qquad (5.53)$$

と計算される．さらに計算を進めると

$$S = -k_B \sum_j \left[\langle n_j \rangle \log \langle n_j \rangle \mp (1 \pm \langle n_j \rangle) \log(1 \pm \langle n_j \rangle)\right]$$
(5.54)

であることが導ける．

例題 5.1

量子理想気体のエントロピーに関する式 (5.54) を示せ．

[**解**] (5.50) を用いると

$$\sum_j \left[\langle n_j \rangle \log \langle n_j \rangle \mp (1 \pm \langle n_j \rangle) \log(1 \pm \langle n_j \rangle)\right]$$

$$= \sum_j \left[\frac{1}{e^{\beta(\varepsilon_j - \mu)} \mp 1} \log \frac{1}{e^{\beta(\varepsilon_j - \mu)} \mp 1} \mp \frac{e^{\beta(\varepsilon_j - \mu)}}{e^{\beta(\varepsilon_j - \mu)} \mp 1} \log \frac{e^{\beta(\varepsilon_j - \mu)}}{e^{\beta(\varepsilon_j - \mu)} \mp 1}\right]$$

$$= \sum_j \left[\pm \log\left[1 \mp e^{-\beta(\varepsilon_j - \mu)}\right] - \frac{\beta(\varepsilon_j - \mu)}{e^{\beta(\varepsilon_j - \mu)} \mp 1}\right]$$

となるので，(5.54) を示すことができる．

演習問題

[**1**] 大正準集団を用いて，同種粒子の粒子数分布を考える．粒子数のゆらぎに関して

5. ボース統計とフェルミ統計

$$\langle (n_j - \langle n_j \rangle)^2 \rangle = f_j(1 \pm f_j)$$

が成り立つことを示せ．ここで

$$f_j = \frac{1}{e^{\beta(\varepsilon_j - \mu)} \mp 1}$$

であり，複号の順は，上がボース，下がフェルミ統計に対応する．

6 理想量子気体の性質

 前章で,同種粒子から成る量子気体の統計を調べ,粒子の統計性から,ボース統計とフェルミ統計に区別されることを学んだ.本章では,理想量子気体について,まずボルツマン統計に対する補正を調べ,ボース統計とフェルミ統計の差を考える.次に,低温において顕著に現れる量子的な現象,すなわち,フェルミ粒子におけるフェルミ縮退と,ボース粒子におけるボース凝縮を考察する.

§6.1 ボルツマン統計に対する量子補正

 理想量子気体の性質を考える場合に,まず,ある程度の高温で,ボルツマン統計からの量子補正を考えてみる.3次元理想気体の粒子数 N の表式は(5.51)を用いて次のようになる.

$$N = \sum_{k\sigma} \frac{1}{e^{\beta(\varepsilon_k - \mu)} \mp 1} = \frac{gV 4\pi}{(2\pi)^3} \int \frac{k^2\, dk}{e^{\beta(\hbar^2 k^2/2m - \mu)} \mp 1} \tag{6.1}$$

ここで,粒子の状態が,波数 k と内部自由度であるスピン σ で指定されること,運動エネルギーが

$$\varepsilon = \frac{\hbar^2 k^2}{2m} \tag{6.2}$$

で与えられ,k 空間における積分が大きさ k だけに関する積分に書きかえられることを用いた.g はスピン変数に関する縮退度を表す.複号の順は,前章に従い,上がボース統計,下がフェルミ統計とする.(6.2)に基づき,k 積分

6. 理想量子気体の性質

を ε に関する積分に変換することにより,

$$N = \frac{gV\sqrt{2}\,m^{3/2}}{2\pi^2\hbar^3}\int\frac{\sqrt{\varepsilon}\,d\varepsilon}{e^{\beta(\varepsilon-\mu)}\mp 1}$$

$$= 2\pi gV\left(\frac{2m}{h^2}\right)^{3/2}\beta^{-3/2}\int_0^\infty dt\,\frac{t^{1/2}}{e^{t-\beta\mu}\mp 1} \tag{6.3}$$

と書きかえることができる．内部エネルギー E についても同様に,

$$E = \sum_{k\sigma}\frac{\varepsilon_k}{e^{\beta(\varepsilon_k-\mu)}\mp 1} = 2\pi gV\left(\frac{2m}{h^2}\right)^{3/2}\int\frac{\varepsilon\cdot\sqrt{\varepsilon}\,d\varepsilon}{e^{\beta(\varepsilon-\mu)}\mp 1}$$

$$= 2\pi gV\left(\frac{2m}{h^2}\right)^{3/2}\beta^{-5/2}\int_0^\infty dt\,\frac{t^{3/2}}{e^{t-\beta\mu}\mp 1} \tag{6.4}$$

となる．ここで，高温の条件は $e^{\beta\mu}\ll 1$ であるので，(6.3), (6.4) を高温のときに展開すると,

$$\frac{E}{N} = \frac{1}{\beta}\frac{\int_0^\infty dt\,\frac{t^{3/2}}{e^{t-\beta\mu}\mp 1}}{\int_0^\infty dt\,\frac{t^{1/2}}{e^{t-\beta\mu}\mp 1}} \simeq \frac{1}{\beta}\frac{\int_0^\infty dt\,t^{3/2}(e^{-t+\beta\mu}\pm e^{-2t+2\beta\mu})}{\int_0^\infty dt\,t^{1/2}(e^{-t+\beta\mu}\pm e^{-2t+2\beta\mu})}$$

$$= \frac{1}{\beta}\frac{e^{\beta\mu}\,\Gamma\left(\frac{5}{2}\right)\pm e^{2\beta\mu}2^{-5/2}\,\Gamma\left(\frac{5}{2}\right)}{e^{\beta\mu}\,\Gamma\left(\frac{3}{2}\right)\pm e^{2\beta\mu}2^{-3/2}\,\Gamma\left(\frac{3}{2}\right)} \simeq \frac{3k_\mathrm{B}T}{2}\left(1\mp\frac{e^{\beta\mu}}{2^{5/2}}\right) \tag{6.5}$$

が得られる．ここで，(2.15) で定義されるガンマ関数を用いた．

一方，0 次の近似で

$$N = 2\pi gV\left(\frac{2m}{h^2}\right)^{3/2}\beta^{-3/2}e^{\beta\mu}\,\Gamma\left(\frac{3}{2}\right) \tag{6.6}$$

であるから，化学ポテンシャル μ は,

$$e^{\beta\mu} = \frac{N}{2\pi gV\left(\frac{2mk_\mathrm{B}T}{h^2}\right)^{3/2}\cdot\frac{1}{2}\sqrt{\pi}}$$

$$= \frac{N}{gV}\left(\frac{h^2}{2\pi mk_\mathrm{B}T}\right)^{3/2} \equiv \frac{N}{gV}\lambda_T^3 \tag{6.7}$$

のように与えられる．ここで,

$$\lambda_T^2 = \frac{h^2}{2\pi mk_\mathrm{B}T} \tag{6.8}$$

であり，λ_T は熱的ド・ブロイ波長とよばれる．(6.7), (6.8) は，§4.4 で気体分子の吸着を扱った際に，(4.49), (4.51) として ($g=1$)，すでに登場していた．

この λ_T を用いると，エネルギーの高温からの展開式 (6.5) は

$$E = \frac{3Nk_BT}{2}\left(1 \mp \frac{1}{2^{5/2}}\frac{N}{gV}\lambda_T^3\right) \tag{6.9}$$

のように書ける．また，一般的に統計性にかかわらず理想気体に関して成り立つ関係式 $pV=(2/3)E$（導出は演習問題 [1]）を用いると，

$$pV = \frac{2}{3}\frac{E}{N}N$$

$$= Nk_BT\left(1 \mp \frac{1}{2^{5/2}}\frac{N}{gV}\lambda_T^3\right) \tag{6.10}$$

という関係が得られる．複号は上がボース統計で $-$，下がフェルミ統計で $+$ であるので，量子補正は，ボース統計の場合に見かけの引力，フェルミ統計の場合に見かけの斥力，を与えると見なすことができる．なお，古典的な極限，すなわち高温の極限である条件は

$$e^{\beta\mu} \ll 1 \implies \lambda_T \ll \left(\frac{V}{N}\right)^{1/3} \tag{6.11}$$

と書き直すことができるので，粒子の平均間隔が熱的ド・ブロイ波長より十分に長いという条件となる．

§6.2 理想フェルミ気体と低温比熱

理想フェルミ気体の例としては，Na, K などの 1 価金属中の電子が挙げられる．このような金属では自由電子は伝導電子として振舞う．結晶を組む金属イオンの作る周期的結晶場や，他の電子からのクーロン力を受け，完全に自由な電子とはいえないが，金属の自由電子モデルは，第 1 近似のモデルと考えられる．他の理想フェルミ気体の例としては，ヘリウム 3 (He^3) の原子が挙げられる．

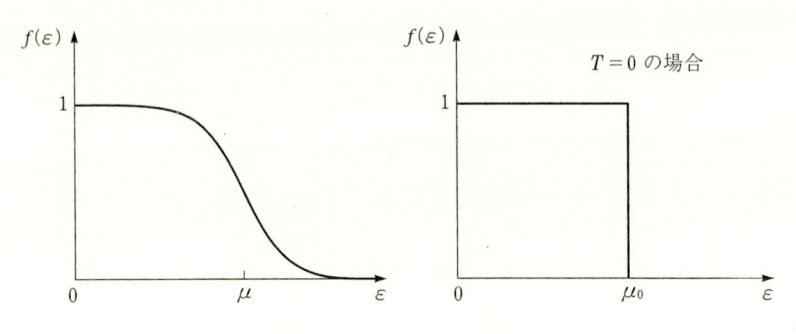

図 6.1 フェルミ分布関数

フェルミ分布関数

$$f(\varepsilon) = \frac{1}{e^{\beta(\varepsilon-\mu)}+1} \tag{6.12}$$

は図 6.1 のようになる．特に $T=0$ の極限では，フェルミ分布関数は

$$f(\varepsilon) = \begin{cases} 0 & (\varepsilon > \mu) \\ 1 & (\varepsilon < \mu) \end{cases} \tag{6.13}$$

となり，$\varepsilon = \mu$ で不連続となり，階段的な関数となる．$T=0$ における化学ポテンシャル μ を**フェルミエネルギー**とよび，μ_0 または ε_F と表す．理想気体の運動エネルギーは

$$\varepsilon = \frac{\hbar^2 k^2}{2m} \quad (6.14)$$

であるので，波数空間で見ると，$k < k_F$ では $f(\varepsilon_k) = 1$，$k > k_F$ では $f(\varepsilon_k) = 0$ となるある波数 k_F が存在することになる．この波

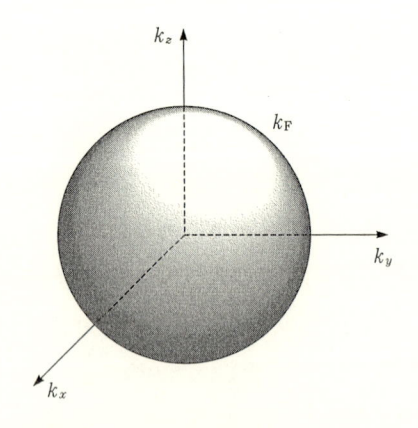

図 6.2 理想フェルミ気体のフェルミ面

数 k_F を**フェルミ波数**とよぶ．また，波数空間において，球内で粒子が詰まり，その外で空になっている球面のことを**フェルミ面**とよび，図 6.2 に示してある．フェルミ面という概念は理想気体に限らず，相互作用のあるフェルミ気体の場合に拡張することができるが，一般の場合にはフェルミ面は球面でなくなる．

(6.1) で与えられる粒子数 N に関する表式により，

$$N = \frac{gV}{2\pi^2} \int k^2\, dk\, f(\varepsilon_k) = \frac{gV}{2\pi^2} \int_0^{k_\mathrm{F}} k^2\, dk$$

$$= \frac{gV}{2\pi^2} \frac{k_\mathrm{F}^{\,3}}{3} \tag{6.15}$$

と計算される．なお，スピン変数に関する縮退度 g は，電子などのスピンが 1/2 の粒子のときは $g = 2$ である．結局，フェルミ波数 k_F を数密度 $n = N/V$ の関数として

$$k_\mathrm{F} = \left(\frac{6\pi^2}{g} \frac{N}{V}\right)^{1/3} = \left(\frac{6\pi^2 n}{g}\right)^{1/3} \tag{6.16}$$

と表すことができることになる．

$$\hbar k_\mathrm{F} = m v_\mathrm{F} \tag{6.17}$$

により定められる速度 v_F を**フェルミ速度**とよぶ．また，フェルミ波数とフェルミエネルギーの関係は

$$\mu_0 = \frac{\hbar^2 k_\mathrm{F}^{\,2}}{2m} \tag{6.18}$$

であり，さらに**フェルミ温度** T_F を

$$\mu_0 = k_\mathrm{B} T_\mathrm{F} \tag{6.19}$$

の関係により定める．

たとえば，金属 K 中の自由電子の場合を考えると，数密度が

$$n = 1.32 \times 10^{28}\ 1/\mathrm{m}^3 \tag{6.20}$$

であるので，プランク定数，ボルツマン定数，電子の質量の値

$$\hbar = 1.055 \times 10^{-34}\ \mathrm{J\cdot s} \tag{6.21}$$

74　6. 理想量子気体の性質

$$k_B = 1.381 \times 10^{-23} \text{ J/K} \tag{6.22}$$

$$m = 9.109 \times 10^{-31} \text{ kg} \tag{6.23}$$

を用いると,

$$k_F = 7.31 \times 10^9 \text{ 1/m} \tag{6.24}$$

$$v_F = 8.47 \times 10^5 \text{ m/s} \tag{6.25}$$

$$\varepsilon_F(= \mu_0) = 3.27 \times 10^{-19} \text{ J} = 2.04 \text{ eV} \tag{6.26}$$

$$T_F = 2.37 \times 10^4 \text{ K} \tag{6.27}$$

と計算される. 1 eV は電子が電位差 1 V で加速されたときに得るエネルギーで, **エレクトロンボルト**とよばれる. なお, 一般的に金属中の電子のフェルミエネルギーは数 eV 程度, フェルミ温度は数万 K 程度となることを頭に入れておくとよいであろう.

エネルギーが ε から $\varepsilon + d\varepsilon$ の間にある状態の数を $D(\varepsilon)\,d\varepsilon$ とするとき, $D(\varepsilon)$ を状態密度とよぶ. 波数空間中で $k \sim k + dk$ の領域にある 1 粒子状態の数との関係から, 3 次元自由電子モデルの場合の状態密度が

$$D(\varepsilon) = \frac{gV\sqrt{2}\,m^{3/2}}{2\pi^2 \hbar^3}\sqrt{\varepsilon} = 2\pi g V \left(\frac{2m}{h^2}\right)^{3/2}\sqrt{\varepsilon} \tag{6.28}$$

と求められる. この状態密度 $D(\varepsilon)$ を用いて, (6.3), (6.4) の粒子数 N, 全エネルギー E の式を

$$N = \int_0^\infty D(\varepsilon)\,f(\varepsilon)\,d\varepsilon \tag{6.29}$$

$$E = \int_0^\infty \varepsilon\, D(\varepsilon)\,f(\varepsilon)\,d\varepsilon \tag{6.30}$$

と表しておくと, 今後の計算に便利である.

低温における電子比熱

次に, 低温における電子比熱の振舞を調べよう. そのために, 一般に $T \ll T_F$ の場合に成り立つ展開公式

$$\int_0^\infty g(\varepsilon) f(\varepsilon)\, d\varepsilon = \int_0^\mu g(\varepsilon)\, d\varepsilon + \frac{\pi^2}{6}(k_B T)^2 \left(\frac{dg}{d\varepsilon}\right)_\mu + O\left(\left(\frac{T}{T_F}\right)^4\right)$$

(6.31)

を用いる.この公式は,なめらかな任意の関数 $g(\varepsilon)$ に対して成立する.なお,この展開公式の導出はあとで示すことにする.

この展開公式において $g(\varepsilon) = D(\varepsilon)$ とおくと,粒子数 N に関する式が展開でき,

$$\begin{aligned} N &= \int_0^\infty D(\varepsilon) f(\varepsilon)\, d\varepsilon \\ &= \int_0^\mu D(\varepsilon)\, d\varepsilon + \frac{\pi^2}{6}(k_B T)^2 D'(\mu) \end{aligned}$$

(6.32)

となる.ところが,$T = 0$ の場合に,

$$N = \int_0^{\mu_0} D(\varepsilon)\, d\varepsilon \tag{6.33}$$

であるから,(6.32) と (6.33) の引き算をすることにより,

$$0 = \int_{\mu_0}^\mu D(\varepsilon)\, d\varepsilon + \frac{\pi^2}{6}(k_B T)^2 D'(\mu) \tag{6.34}$$

の関係が求まる.これから,

$$\mu = \mu_0 + O(T^2) \tag{6.35}$$

であることがわかるので,

$$(\mu - \mu_0) D(\mu_0) + \frac{\pi^2}{6}(k_B T)^2 D'(\mu_0) = 0 + O(T^4) \tag{6.36}$$

と置いてよい.

一方,$g(\varepsilon) = \varepsilon D(\varepsilon)$ とおけば,エネルギー E に関する表式が展開でき,

$$\begin{aligned} E &= \int_0^\infty \varepsilon D(\varepsilon) f(\varepsilon)\, d\varepsilon \\ &= E_0 + (\mu - \mu_0) \mu_0 D(\mu_0) + \frac{\pi^2}{6}(k_B T)^2 [\mu_0 D'(\mu_0) + D(\mu_0)] \end{aligned}$$

(6.37)

となる.ところが,先ほどの (6.36) を用いると式が簡単になり,全エネルギ

一の低温での展開式

$$E = E_0 + \frac{\pi^2}{6}(k_B T)^2 D(\mu_0) \tag{6.38}$$

が求まる．なお，E_0 は $T=0$ における全エネルギー

$$E_0 = \int_0^{\mu_0} \varepsilon D(\varepsilon)\, d\varepsilon = \frac{3}{5} N\mu_0 \tag{6.39}$$

である．比熱は全エネルギーを温度で微分することにより，

$$C_V = \frac{dE}{dT} = \frac{\pi^2 k_B{}^2 D(\mu_0)}{3} T \tag{6.40}$$

と計算され，低温における比熱は絶対温度に比例することがわかる．$C_V = \gamma T$ と書くと，比例係数 γ は

$$\gamma = \frac{\pi^2 k_B{}^2}{3} D(\mu_0)$$

$$= \frac{g k_B{}^2 m k_F V}{6\hbar^2} \tag{6.41}$$

となる．この γ を**電子比熱係数**とよぶ．

$$D(\mu_0) = \frac{3N}{2\mu_0} \tag{6.42}$$

であるから，

$$\gamma = \frac{\pi^2 N}{2\mu_0} k_B{}^2 \tag{6.43}$$

とも表される．金属Kの場合に，すでに求めた μ_0 の値を用いて電子比熱係数 γ を計算すると

$$\gamma_{自由電子モデル} = 1.73 \times 10^{-3}\ \mathrm{J\cdot mol^{-1}\cdot K^{-2}} \tag{6.44}$$

となる．ここで，N としてアボガドロ数 6.02×10^{23} を用いたので，これは1モル当りの比熱となる．一方，実験値は

$$\gamma_{実験値} = 2.08 \times 10^{-3}\ \mathrm{J\cdot mol^{-1}\cdot K^{-2}} \tag{6.45}$$

であるので，良い一致を示しているといえる．γ の実験値と自由電子モデルに基づく計算値の比を

§6.2 理想フェルミ気体と低温比熱

$$\frac{\gamma_{\text{実験値}}}{\gamma_{\text{自由電子モデル}}} = \frac{m_{\text{th}}}{m} = 1.20 \tag{6.46}$$

と表し，この m_{th} を**熱的質量**（thermal effective mass）とよぶ．20％程度の精度で良く一致しているが，実験値が自由電子モデルの値と異なっていることも事実である．この相違の理由としては

 (a) 結晶格子の周期ポテンシャルと伝導電子の相互作用
 (b) 伝導電子とフォノン（格子振動）との相互作用
 (c) 伝導電子間の相互作用

などが考えられる．低温からの展開を進めると，比熱では T に比例する項の次に T^3 の項が現れる．しかし，金属の比熱においては，T^3 の項としては，電子比熱からの寄与より§4.2で示した格子振動からの寄与（デバイの T^3 則）の方が大きい．

なお，フェルミ気体の比熱が低温で T に比例することは次のような簡単な考察から示すことができる．$T=0$ の付近で，状態密度 $D(\varepsilon)$ とフェルミ分布関数 $f(\varepsilon)$ を掛けたものを ε の関数として表すと図6.3のようになる．階段関数からのずれは幅 $k_{\text{B}}T$ 程度であるので，$T=0$ の場合と比較すると，$N \times k_{\text{B}}T/\mu_0$ 程度の粒子が $k_{\text{B}}T$ 程度のエネルギーを余分に得ることにな

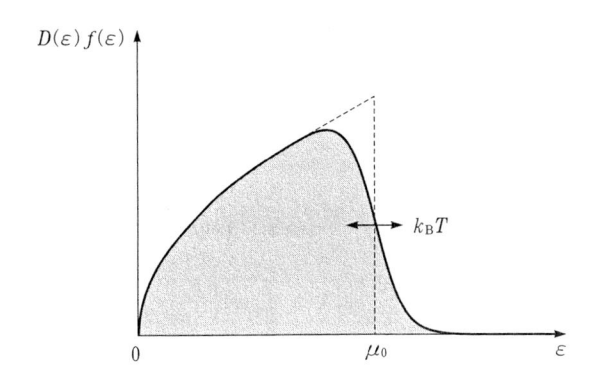

図**6.3** 低温の電子比熱の概念図

る．したがって，全エネルギーの増加は T^2 に比例することになり，比熱が T に比例することが導かれる．フェルミ面より深い所にある量子状態の粒子は熱運動には寄与しないといえるので，エネルギー等分配則が成立しないことになる．これは第5章で述べたパウリ原理に起因する．低温におけるフェルミ統計に特徴的な量子効果を示すこのような現象を**フェルミ縮退**という．

ここで，フェルミ温度 T_F の意味を改めて考えてみよう．

$$e^{\beta\mu} = \frac{N}{gV}\left(\frac{h^2}{2\pi m k_B T}\right)^{3/2}$$
$$= \frac{4}{3\sqrt{\pi}}\left(\frac{T_F}{T}\right)^{3/2} \tag{6.47}$$

であるので，ボルツマン統計が良い近似となる条件 (6.11) は $T \gg T_F$ となる．一方，$T \ll T_F$ ではフェルミ統計の効果が強く効くようになる．そこで，T_F のことを**縮退温度**ともいう．

化学ポテンシャルと全エネルギー

化学ポテンシャル μ の温度変化を計算すると

$$(\mu - \mu_0)D(\mu_0) + \frac{\pi^2}{6}(k_B T)^2 D'(\mu_0) = 0 \tag{6.48}$$

であるから，

$$\mu_0 = \mu_0 - \frac{\pi^2}{6}(k_B T)^2 \frac{D'(\mu_0)}{D(\mu_0)}$$
$$= \mu_0\left[1 - \frac{\pi^2}{12}\left(\frac{k_B T}{\mu_0}\right)^2\right] \tag{6.49}$$

となる．全エネルギーの低温からの展開式についても同様の表式にまとめると，

$$E = E_0 + \frac{\pi^2}{6}(k_B T)^2 D(\mu_0)$$
$$= \frac{3N}{5}\mu_0\left[1 + \frac{5}{12}\pi^2\left(\frac{k_B T}{\mu_0}\right)^2\right] \tag{6.50}$$

が得られる．

§6.2 理想フェルミ気体と低温比熱

---**例題 6.1**---

状態密度が

$$D(\varepsilon) \propto \varepsilon^2$$

で与えられる理想フェルミ気体を考える．このとき，(6.49)に対応する化学ポテンシャルの低温における温度変化を求めよ．

[**解**] この状態密度の場合，(6.49)において

$$\frac{D'(\mu_0)}{D(\mu_0)} = \frac{2}{\mu_0}$$

であるので，

$$\mu = \mu_0\left[1 - \frac{\pi^2}{3}\left(\frac{k_{\mathrm{B}}T}{\mu_0}\right)^2\right]$$

となる．

フェルミ分布関数を含む積分の展開式

(6.31) に示した，フェルミ分布関数を含む積分

$$I = \int_0^\infty g(\varepsilon)\, f(\varepsilon)\, d\varepsilon \tag{6.51}$$

の $T \ll T_{\mathrm{F}}$ における展開式を求めておこう．$g(\varepsilon)$ の不定積分を

$$G(\varepsilon) = \int_0^\varepsilon g(t)\, dt \tag{6.52}$$

と表すことにすると，部分積分を使って I を

$$I = G(\varepsilon) f(\varepsilon)\Big|_0^\infty - \int_0^\infty G(\varepsilon)\, f'(\varepsilon)\, d\varepsilon \tag{6.53}$$

のように書き直すことができる．$\varepsilon \to \infty$ のときに $G(\varepsilon) f(\varepsilon) \to 0$ となるとする．フェルミ分布関数は指数関数を含んでいるので，$g(\varepsilon)$ として $\varepsilon^t (t > 0)$ のようなベキ級数的な依存性の関数を考える場合にはこの条件は成り立っている．一方，(6.52) の定義から $G(0) = 0$ であるので，結局

$$I = -\int_0^\infty G(\varepsilon)\, f'(\varepsilon)\, d\varepsilon \tag{6.54}$$

となる．また，フェルミ分布関数を微分すると

$$-f'(\varepsilon) = \frac{\beta e^{\beta(\varepsilon-\mu)}}{[e^{\beta(\varepsilon-\mu)}+1]^2} \tag{6.55}$$

であるので，$G(\varepsilon)$ を μ の周りでテイラー展開すると

$$G(\varepsilon) \cong G(\mu) + (\varepsilon-\mu)G'(\mu) + \frac{(\varepsilon-\mu)^2}{2}G''(\mu) + \cdots \tag{6.56}$$

となる．この式を (6.54) に代入すると

$$\begin{aligned}I = &-G(\mu)\int_0^\infty f'(\varepsilon)\,d\varepsilon - G'(\mu)\int_0^\infty (\varepsilon-\mu)f'(\varepsilon)\,d\varepsilon \\ &-\frac{G''(\mu)}{2}\int_0^\infty (\varepsilon-\mu)^2 f'(\varepsilon)\,d\varepsilon\end{aligned} \tag{6.57}$$

となり，計算を進めると

$$I = G(\mu) - \frac{G''(\mu)}{2\beta^2}\int_{-\infty}^\infty \frac{t^2 e^t}{(e^t+1)^2}\,dt \tag{6.58}$$

が得られる．ここで現れる定積分は，

$$\int_{-\infty}^\infty \frac{t^2 e^t}{(e^t+1)^2}\,dt = 2\sum_{n=1}^\infty \frac{1}{n^2} \tag{6.59}$$

と級数和の形に書くことができる．一般に，

$$\zeta(k) \equiv \sum_{n=1}^\infty \frac{1}{n^k} \tag{6.60}$$

により**リーマンのツェータ関数**$\zeta(k)$ を定義することにすると，(6.59) に現れた級数和は $\zeta(2)$ となる．

$$\zeta(2) = \frac{\pi^2}{6} \tag{6.61}$$

であることが知られているので，フェルミ分布関数を含む積分 I の低温からの展開式

$$I = \int_0^\infty g(\varepsilon)f(\varepsilon)\,d\varepsilon$$

$$= \int_0^\mu g(\varepsilon)\, d\varepsilon + \frac{1}{\beta^2} \frac{\pi^2}{6} \left(\frac{dg(\varepsilon)}{d\varepsilon} \right)_{\varepsilon=\mu} \tag{6.62}$$

が得られることになる.なお,(4.33)の計算では

$$\zeta(4) = \frac{\pi^4}{90} \tag{6.63}$$

であることを用いた.

§6.3 理想ボース気体とボース凝縮

ボース気体の例としては,ヘリウム4(He^4)が挙げられる.ヘリウム4の場合は,粒子間に強い相互作用がはたらき,理想ボース気体とはいえないが,これから考察するボース凝縮を示す物質として知られている.ヘリウム4は,1気圧で約4Kで液化し,さらに低温に下げて$T_\lambda = 2.17\,\mathrm{K}$以下では超流動の性質を示す.ヘリウム4の比熱の温度曲線(飽和蒸気圧下)を図6.4に示したが,$T = T_\lambda$で比熱は発散する.このように性質の異なる相に変化することを**相転移**とよぶが,ヘリウム4の相転移の場合,その比熱の温度曲線の形から**λ転移**とよばれる.なお,相転移については次章で一般的に取扱う.

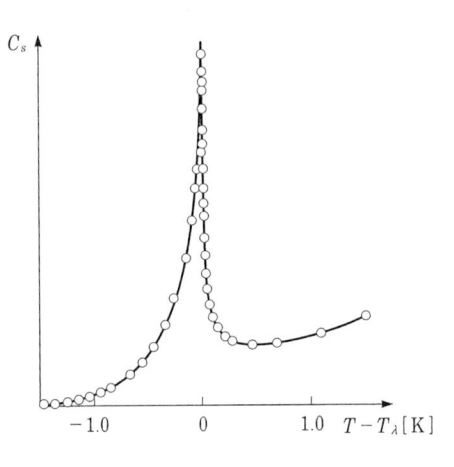

図6.4 ヘリウム4の比熱

ボース分布関数

$$f(\varepsilon) = \frac{1}{e^{\beta(\varepsilon-\mu)} - 1} \tag{6.64}$$

の振舞を調べてみよう.(6.64)で化学ポテンシャルが$\mu > 0$であると,

$f(\varepsilon) < 0$ となる ε が存在することになり，$f(\varepsilon)$ が粒子数の分布関数であることと相容れない．したがって，

$$\mu \leqq 0 \quad (6.65)$$

でなければならない．$\mu < 0$ および $\mu = 0$ のときのボース分布関数 $f(\varepsilon)$ を図 6.5 に示してある．

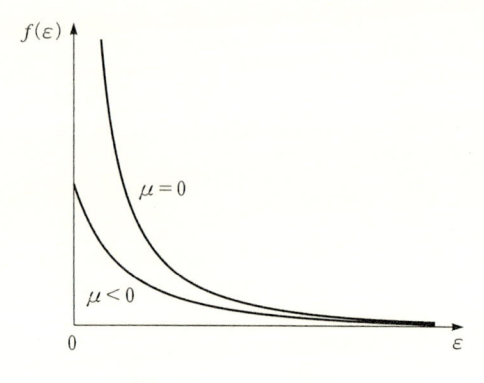

図 6.5 ボース分布関数

粒子数 N に対する表式

$$N = \sum_k n_k \quad (6.66)$$

を考えると[†]，$\mu \leqq 0$ の条件があるために，β が大きいと，すなわち T が小さいと，(6.66) を満足する μ が見つからないことになる．ボース粒子の場合，1つの状態に収容できる粒子数に制限はないので，基底状態，すなわち，$\boldsymbol{k} = 0$ の状態にマクロな数の粒子が存在する状況を考えることができる．そこで，(6.66) で $\boldsymbol{k} = 0$ ($\varepsilon = 0$) の項を別に n_0 と分けて

$$N = n_0 + \sum_{k \neq 0} n_k$$
$$= n_0 + 2\pi V \left(\frac{2m}{h^2}\right)^{3/2} \int_0^\infty \frac{\sqrt{\varepsilon}}{e^{\beta(\varepsilon - \mu)} - 1} d\varepsilon \quad (6.67)$$

と書くことにする．積分で表される項では，$\varepsilon = 0$ の項は状態密度がゼロとなるために，二重に数えていることにはなっていない．$z = e^{\beta\mu}$ を使って書き直すと，単位体積当りの粒子数 N/V は

$$\frac{N}{V} = \frac{n_0}{V} + \left(\frac{2\pi m k_B T}{h^2}\right)^{3/2} \frac{2}{\sqrt{\pi}} \int_0^\infty \frac{t^{1/2}}{\dfrac{1}{z} e^t - 1} dt \quad (6.68)$$

のように書き表される．ここで，

[†] スピン 0 の場合を念頭におき，スピン変数による縮退度は $g = 1$ とする．

§6.3 理想ボース気体とボース凝縮

$$\phi_\sigma(z) = \frac{1}{\Gamma(\sigma)} \int_0^\infty \frac{t^{\sigma-1}}{\frac{1}{z}e^t - 1} \, dt \tag{6.69}$$

で定義される**アッペル関数** $\phi_\sigma(z)$ を用いれば，

$$\frac{N}{V} = \frac{n_0}{V} + \left(\frac{2\pi m k_B T}{h^2}\right)^{3/2} \phi_{3/2}(z) \tag{6.70}$$

と書き直される．(6.69) の $\Gamma(\sigma)$ は (2.15) で定義されるガンマ関数である．なお，$\mu \leqq 0$ であるから，$0 < z \leqq 1$ である．アッペル関数を z に関して展開すると

$$\phi_\sigma(z) = \frac{1}{\Gamma(\sigma)} \int_0^\infty z e^{-t} t^{\sigma-1} (1 + z e^{-t} + z^2 e^{-2t} + \cdots) \, dt$$

$$= \sum_{n=1}^\infty \frac{z^n}{n^\sigma} \tag{6.71}$$

となる．特に $z = 1$ の場合には，

$$\phi_\sigma(1) = \sum_{n=1}^\infty \frac{1}{n^\sigma} = 1 + \frac{1}{2^\sigma} + \frac{1}{3^\sigma} + \cdots = \zeta(\sigma) \tag{6.72}$$

となる．(6.72) の最後の等式では，(6.60) で定義したリーマンのツェータ関数 $\zeta(\sigma)$ を一般の実数 σ に拡張して用いている．したがって，$z = 1$ におけるアッペル関数はツェータ関数で表される．あとに登場する $\zeta(3/2)$，$\zeta(5/2)$ の数値を与えておくと，

$$\zeta\left(\frac{3}{2}\right) = 2.612\cdots \tag{6.73}$$

$$\zeta\left(\frac{5}{2}\right) = 1.342\cdots \tag{6.74}$$

である．

さて，T が十分に大きいときには，$n_0 = 0$，正確には $O(1)$ の量であるとしてよいので，

$$\frac{N}{V} = \left(\frac{2\pi k_B m T}{h^2}\right)^{3/2} \phi_{3/2}(z) \tag{6.75}$$

の式により，z，したがって μ が求まる．ところが，T が次式を満足する T_c

6. 理想量子気体の性質

では $z=1$ となる.

$$\frac{N}{V} = \left(\frac{2\pi m k_B T_c}{h^2}\right)^{3/2} \phi_{3/2}(1) = \left(\frac{2\pi m k_B T_c}{h^2}\right)^{3/2} \zeta\left(\frac{3}{2}\right) \quad (6.76)$$

$T < T_c$ では, n_0 が $O(N)$ の量となり,

$$\frac{N}{V} = \frac{n_0}{V} + \left(\frac{2\pi m k_B T}{h^2}\right)^{3/2} \zeta\left(\frac{3}{2}\right) \quad (6.77)$$

より n_0 が求まることになる. $\beta\mu = \log z$ であるので, $z=1$ は $\mu=0$ に対応する. なお, 導出は省略するが, T_c の近傍 ($T > T_c$) で

$$\beta\mu = -\frac{9}{16\pi} \zeta^2\left(\frac{3}{2}\right)\left(\frac{T-T_c}{T_c}\right)^2 \quad (6.78)$$

となることが示されるので, μ の T 依存性の概略は図 6.6 のようになる. ここで, (6.76) の関係を (6.77) に代入することにより,

$$\frac{N}{V} = \frac{n_0}{V} + \frac{N}{V}\left(\frac{T}{T_c}\right)^{3/2} \quad (6.79)$$

と式を変形することができ, n_0, すなわち, $\boldsymbol{k}=0$ の準位を占める粒子の平均数の T 依存性が,

$$n_0 = N\left[1 - \left(\frac{T}{T_c}\right)^{3/2}\right] \quad (6.80)$$

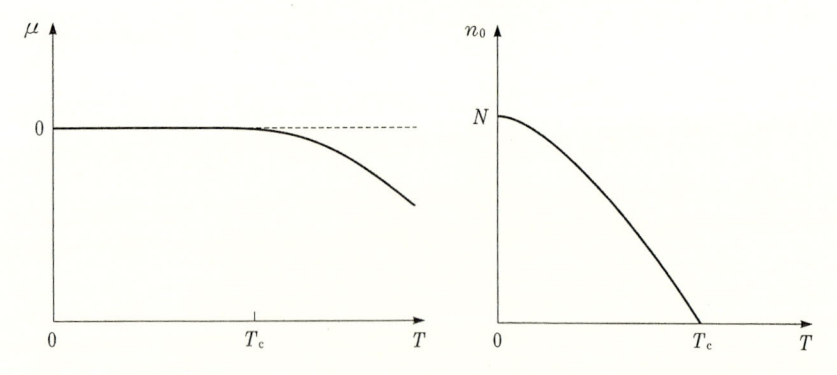

図 6.6 理想ボース気体の μ の温度依存性　図 6.7 理想ボース気体の n_0 の温度依存性

と計算される．図 6.7 に n_0 の温度依存性を示す．$T < T_c$ の相は，$\bm{k} = 0$ ($\varepsilon = 0$) の状態に巨視的な数のボース粒子が存在することになり，この現象を**ボース‐アインシュタイン凝縮**あるいは**ボース凝縮**とよぶ．一方，$T > T_c$ の相は，ただ 1 つの状態に巨視的な数が入ることはない．$T = T_c$ での相の移り変わりは，相転移である．

ヘリウム 4 は相互作用が強く理想ボース気体とはいえないが，T_c の表式

$$T_c = \frac{h^2}{2\pi m k_B} \left(\frac{N}{\zeta\left(\frac{3}{2}\right) V} \right)^{2/3}$$

$$= \left(\frac{h^2}{2\pi m k_B} \right) \left(\frac{n}{2.612} \right)^{2/3} \tag{6.81}$$

に，ヘリウム 4 の原子数密度 $n = 10^6/27.6 \text{ mol·m}^{-3}$ と質量 $m = 6.69 \times 10^{-27}$ kg を代入して，T_c の値を評価してみよう．すると，$T_c = 3.11$ K となり，λ 転移温度とかなり近い値を与える．この一致は偶然的な要素も多いが，ヘリウム 4 の超流動相は相互作用の強い系におけるボース‐アインシュタイン凝縮によるものである．

比熱の振舞

全エネルギーの表式が

$$E = \frac{3}{2} V k_B T \left(\frac{2\pi m k_B T}{h^2} \right)^{3/2} \phi_{5/2}(z) \tag{6.82}$$

と与えられるので，これから比熱を計算できる．$T < T_c$ での計算は $z = 1$ を代入して，

$$E = V \left(\frac{2\pi m k_B T}{h^2} \right)^{3/2} k_B T \cdot \frac{3}{2} \phi_{5/2}(1)$$

$$= N k_B T \left(\frac{T}{T_c} \right)^{3/2} \frac{\frac{3}{2} \zeta\left(\frac{5}{2}\right)}{\zeta\left(\frac{3}{2}\right)} \tag{6.83}$$

が得られるので，比熱，および比熱の温度微分が

$$C_V = Nk_{\mathrm{B}} \cdot \frac{15}{4} \frac{\zeta\left(\frac{5}{2}\right)}{\zeta\left(\frac{3}{2}\right)} \left(\frac{T}{T_{\mathrm{c}}}\right)^{3/2} \qquad (6.84)$$

$$\frac{dC_V}{dT} = Nk_{\mathrm{B}} \cdot \frac{45}{8} \frac{\zeta\left(\frac{5}{2}\right)}{\zeta\left(\frac{3}{2}\right)} \frac{T^{1/2}}{T_{\mathrm{c}}^{3/2}} \qquad (6.85)$$

と計算される．

$T > T_{\mathrm{c}}$ の計算は z，すなわち μ の温度依存性の計算が必要で少しむずかしい．(6.78) を用いて結果を示すことにすると，T_{c} 近傍 ($T > T_{\mathrm{c}}$) のエネルギーの表式が

$$E \cong E_0 + \frac{3}{2}N\mu \cong E_0 - \frac{3}{2}Nk_{\mathrm{B}}T \frac{9\zeta^2\left(\frac{3}{2}\right)}{16\pi}\left(\frac{T-T_{\mathrm{c}}}{T_{\mathrm{c}}}\right)^2 \qquad (6.86)$$

となる．これから比熱，比熱の温度微分が

$$C_V \cong C_{V_0} - Nk_{\mathrm{B}} \frac{27\zeta^2\left(\frac{3}{2}\right)}{32\pi}\left[2T\left(\frac{T-T_{\mathrm{c}}}{T_{\mathrm{c}}^2}\right) + \left(\frac{T-T_{\mathrm{c}}}{T_{\mathrm{c}}}\right)^2\right] \qquad (6.87)$$

$$\frac{dC_V}{dT} \cong \frac{dC_{V_0}}{dT} - \frac{Nk_{\mathrm{B}}}{T_{\mathrm{c}}} \frac{27\zeta^2\left(\frac{3}{2}\right)}{16\pi}\left[\frac{T}{T_{\mathrm{c}}} + 2\left(\frac{T-T_{\mathrm{c}}}{T_{\mathrm{c}}}\right)\right] \qquad (6.88)$$

と求められる．ここで，E_0, C_{V_0} は低温における表式 (6.83)，(6.84) である．特に，T_{c} の直上では，

$$\left(\frac{\partial C_V}{\partial T}\right)_{T \to T_{\mathrm{c}}+0} = \frac{Nk_{\mathrm{B}}}{T_{\mathrm{c}}}\left[\frac{45\zeta\left(\frac{5}{2}\right)}{8\zeta\left(\frac{3}{2}\right)} - \frac{27\zeta^2\left(\frac{3}{2}\right)}{16\pi}\right] = -0.77\frac{Nk_{\mathrm{B}}}{T_{\mathrm{c}}} \qquad (6.89)$$

という結果が得られ，一方，T_{c} の直下における値は，

$$\left(\frac{\partial C_V}{\partial T}\right)_{T\to T_c-0} = \frac{Nk_B}{T_c}\frac{45\zeta\left(\frac{5}{2}\right)}{8\zeta\left(\frac{3}{2}\right)}$$

$$= 2.89\frac{Nk_B}{T_c} \qquad (6.90)$$

となる．比熱の温度変化を図 6.8 に示すが，比熱は $T = T_c$ でピーク値

$$\frac{15\zeta\left(\frac{5}{2}\right)}{4\zeta\left(\frac{3}{2}\right)}Nk_B = 1.93Nk_B$$

をとり，その温度微分は不連続となる．なお，比熱の温度微分の $T = T_c$ の上下における差は

$$\left(\frac{\partial C_V}{\partial T}\right)_{T\to T_c-0} - \left(\frac{\partial C_V}{\partial T}\right)_{T\to T_c+0}$$

$$= \frac{Nk_B}{T_c}\frac{27\zeta^2\left(\frac{3}{2}\right)}{16\pi}$$

$$= 3.66\frac{Nk_B}{T_c} \qquad (6.91)$$

と計算される．このように比熱などの物理量が $T = T_c$ の上下で連続的でない振舞を示すことは相転移で一般的に現れることである．

ここで，§6.1〜§6.3 の結果をまとめて，理想量子気体の比熱の温度依存性を図 6.9 に示す．図では理想フェルミ気体と

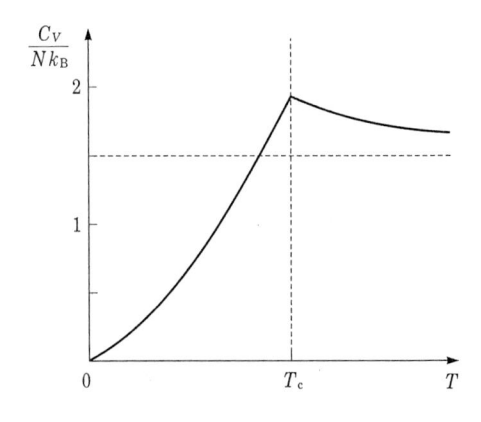

図 6.8 理想ボース気体の比熱

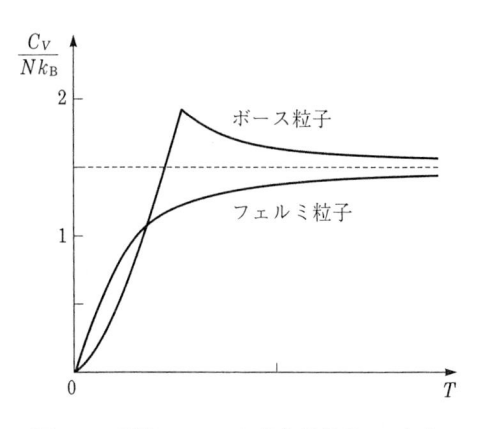

図 6.9 理想フェルミ気体と理想ボース気体の比熱の比較

理想ボース気体を比較してある．なお，古典的なボルツマン統計では，比熱は一定値 $C_V/Nk_B = 3/2$ をとる．

演習問題

[1] 3次元理想気体について，統計性にかかわらず一般的に
$$pV = \frac{2}{3}E$$
の関係式が成立することを示せ．

[2] 2次元の理想気体の状態密度を計算せよ．

[3] グラフは金属 Rb の低温における比熱（熱容量）の実験データであり，C/T を T^2 に対してプロットしてある．これから電子比熱係数 γ を見積れ．また，比熱に T^3 に比例する寄与を与えているのは主に格子振動によると考えられるが，格子振動をデバイモデルで解析するとデバイ温度 Θ_D はいくらになるか．

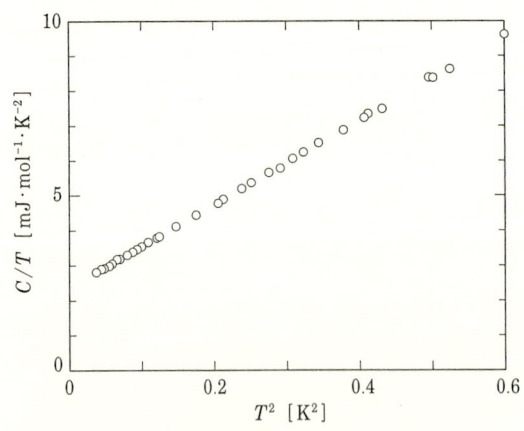

(W.H.Lien and N.E.Phillips, Phys.Rev. **133** (1964) A1370-A1377 のデータに基づく)

[4] 一様磁場 H の中に置かれた電子はスピンの向きにより

$$\varepsilon_\pm = \frac{p^2}{2m} \pm \mu_B H$$

の1電子エネルギーをもつ．μ_B はボーア磁子である．$N_+(N_-)$ を＋スピン（－スピン）の電子数として，全磁気モーメント $M = \mu_B(N_+ - N_-)$ を求め，磁化率 $\chi = M/H$ が

$$\chi = 2\mu_B \int D'(\varepsilon) f(\varepsilon) \, d\varepsilon$$

で与えられることを示せ．ここで，$D(\varepsilon)$ は1スピン当りの状態密度，$f(\varepsilon)$ はフェルミ分布関数である．

[5] 前問の結果を用いて，十分に低温における3次元電子系の磁化率 χ を $O((k_B T/\mu_0)^2)$ まで求めよ．μ_0 は $T=0$ における化学ポテンシャルである．

[6] 相対論的効果の重要な高エネルギーのスピン1/2の3次元理想フェルミ気体を考える．エネルギーと運動量が $\varepsilon = cp$ の関係で結ばれる．このとき，絶対零度における化学ポテンシャル μ_0 を数密度 n の関数として求めよ．また，低温において全エネルギーを $O((k_B T/\mu_0)^2)$ まで求めよ．

[7] 2次元の理想ボース気体はボース凝縮を起こさないことを示せ．

[8] 1辺が L の立方体の温度 T の容器内に閉じ込められた電磁波を考える．角振動数が $\omega \sim \omega + d\omega$ にある電磁波（光子）のエネルギーを $E(\omega) d\omega$ とするとき，$E(\omega)$ の表式を求めよ．また，全エネルギー

$$\int E(\omega) \, d\omega$$

を計算せよ．

重 い 電 子 系

　Na, K, Rb などの1価のアルカリ金属の性質は，自由電子モデルでよく説明できる．低温における比熱は絶対温度 T に比例するが，その比例係数（電子比熱係数）γ の実験値は自由電子モデルに基づく理論値と数十％程度の精度で良く一致している．

　ところが，Ce, Yb などの希土類(周期表第III族に属する元素のうち，原子番号21の Sc, 39の Y, 57の La およびそれに続く 58～71 のランタノイド元素の総称) 金属や U などのアクチノイド（原子番号89の Ac およびそれに続く 90～103 の元素）金属を含む化合物では，フェルミ気体の性質を示しながら，$1 \mathrm{J \cdot mol^{-1} \cdot K^{-2}}$ 程度の大きな電子比熱係数をもつものが数多く見出されている．このように大きな電子比熱係数をもつということは，真空中の電子質量の 100～1000 倍にも達する実効的な質量の電子が動き回っていると見なすことができ，このような系は重い電子系とよばれている．

　これらの物質では f 電子と周りの原子の電子との間の相互作用が重要なはたらきをしていると考えられている．重い電子系は，多数の電子の間にはたらく相互作用（電子相関）の理解を飛躍的に高めることに寄与することが期待され，実験，理論両面で精力的に研究されている．

7 相転移の統計力学

　これまでとり上げてきた例は，多数の粒子から成る系を扱っているとはいえ，互いに相互作用のない独立な粒子から成る問題であった．一方，粒子間に相互作用があると，協力的な効果により多様な現象を引き起こす．本章では，その代表的な例である相転移を考察する．前章で理想ボース気体のボース - アインシュタイン凝縮の相転移を論じたが，この場合には，量子効果による実質的な相互作用が相転移を引き起こしたといえる．

§7.1 イジングモデルと強磁性

　強磁性体の簡単なモデルとして，**イジングモデル**[†]を考えよう．各格子点に配列された N 個のスピンの体系を考え，各スピンは磁気モーメント μ をもつが，スピンはある軸と平行（上向き）か反平行（下向き）の2方向のみを向くとする．これがイジングモデルである．系のハミルトニアンは

$$\mathcal{H} = -J \sum_{\langle ij \rangle} \sigma_i \sigma_j - \mu H \sum_i \sigma_i \tag{7.1}$$

で与えられる．変数 σ_i は ± 1 をとるとし，± 1 をスピンの上向き，下向きに対応させる．また，各格子点を添字 i で表す．相互作用のはたらくスピン

[†] イジングモデルと今日よばれているモデルは，歴史的には1920年にレンツにより提案されたものである．レンツの弟子であるイジングが博士論文で1次元の場合に厳密に解いて，自発磁化のないことを示した．イジングは1998年5月に亡くなった．E. Ising: "Beitrag zur Theorie des Ferromagnetismus", Z. Phys. **31** (1925) 253 - 258.

の対を⟨ij⟩で表すが，ここでは簡単のためにスピン間の相互作用は最近接格子点のみにはたらくとする．$J>0$ であればスピンの向きがそろったものがエネルギーが低く，$J<0$ であればスピンの向きが反平行のものがエネルギーが低い．$J>0$ の場合を強磁性的相互作用，$J<0$ の場合を反強磁性的相互作用とよぶが，ここでは前者の場合を扱う．また，(7.1) の右辺の第 2 項は，外部磁場 H とスピンとの相互作用の項である．なお，図 7.1 にイジングモデルの概念図を示してある．

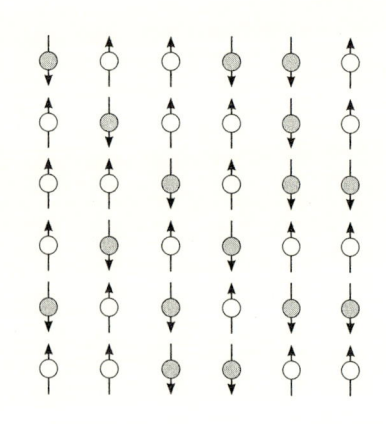

図 7.1 イジングモデルの概念図

平均場近似

このモデルは，相互作用のために，特別な場合を除いては厳密には解けない．すなわち，状態和を書き下しても，計算を進めることができない．そこで，1 つのスピンに対する周囲のスピンの作用を平均的なものでおきかえる近似が考えられる．この近似理論を**平均場近似**，あるいは**分子場近似**[†] とよぶ．このような平均場近似は，相互作用のある系の取扱いとして一般的なもので，磁性体の相転移の場合には**キュリー-ワイス近似**，合金の秩序-無秩序転移の場合には**ブラッグ-ウィリアムス近似**といわれるものに相当する．平均場近似の考え方は，多粒子間の相互作用を 1 つの粒子にはたらく平均的な場に置きかえるもので，電子ガスの**ハートリー近似**や**ハートリー-フォック近似**にも共通する取扱い方である．

具体的に平均場近似を進めると，全系のハミルトニアンが 1 つのスピンに

[†] 分子場という用語を最初に用いたのは，ワイスである．P. Weiss: "L'hypothèse du champ moléculaire et la propriété ferromagnétique", J. de Physique **6** (1907) 661-690.

§7.1 イジングモデルと強磁性　93

対するハミルトニアン

$$\mathcal{H}_i = -J\,\hat{z}\langle\sigma\rangle\sigma_i - \mu H\sigma_i \tag{7.2}$$

の和で

$$\mathcal{H} \cong \sum_i \mathcal{H}_i \tag{7.3}$$

と書けると仮定する．ここで，$\langle\sigma\rangle$はスピンの熱的平均値で，あとで定めることにする．また，$\hat{z}$は最近接格子点の数である．このように近似すれば，ハミルトニアンが独立な粒子から成る項の和で表されるので，状態和が

$$Z = Z_1^N = \left[\sum_{\sigma_i=\pm 1} e^{-\beta\mathcal{H}_i}\right]^N$$

$$= \left[\sum_{\sigma_i=\pm 1} e^{\beta(J\hat{z}\langle\sigma\rangle+\mu H)\sigma_i}\right]^N$$

$$= [2\cosh\beta(J\,\hat{z}\langle\sigma\rangle + \mu H)]^N \tag{7.4}$$

と容易に計算できる．したがって，ヘルムホルツの自由エネルギーFは(3.36)に従い，次のように計算される．

$$F = -k_B T \log Z = -Nk_B T \log[2\cosh\beta(J\,\hat{z}\langle\sigma\rangle + \mu H)] \tag{7.5}$$

μを単位とする**磁化**をMで表すことにすると，その平均値は

$$M = \langle\sum_i \sigma_i\rangle = \frac{\sum_{\sigma_i=\pm 1}\{(\sum_i \sigma_i)e^{-\beta\mathcal{H}}\}}{\sum_{\sigma_i=\pm 1} e^{-\beta\mathcal{H}}} = -\frac{1}{\mu}\left(\frac{\partial F}{\partial H}\right)_T$$

$$= N\tanh\beta(J\,\hat{z}\langle\sigma\rangle + \mu H) \tag{7.6}$$

となり，左辺，右辺に$\langle\sigma\rangle$を含む式が得られる．$x = \langle\sigma\rangle$とおくと

$$x = \tanh\beta(J\hat{z}x + \mu H) \tag{7.7}$$

となるが，このような方程式を**自己無撞着方程式**とよぶ．図7.2を参照すると，$H=0$のときの自己無撞着方程式

$$x = \tanh(\beta J\hat{z}x) \tag{7.8}$$

の解を図式的に調べることができる．$\beta J\hat{z} \leqq 1$，すなわち$T \geqq (1/k_B)J\hat{z}$のときは$x=0$の1つの解が存在する．一方，$\beta J\hat{z} > 1$，すなわち$T < (1/k_B)J\hat{z}$のときは$x=0$の解に加えて$x \neq 0$の解が2つ，計3つの解が存在する．

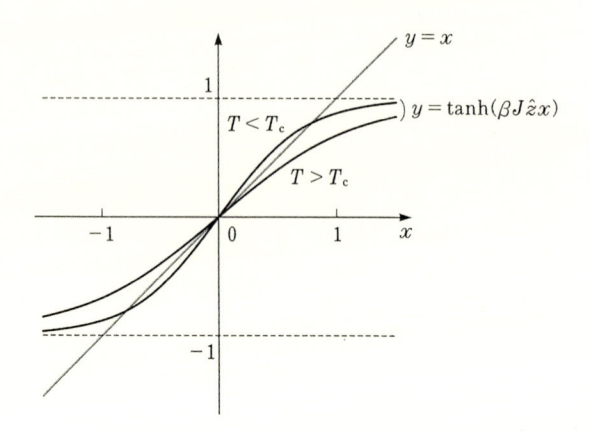

図7.2　自己無撞着方程式の解

ところが，$T < (1/k_B)J\hat{z}$ の場合には $x = 0$ の解が (7.5) の F の極大値を与えるので，F を最小にする解を選ぶと，磁化の温度曲線は図7.3のようになる．ただし，$\langle \sigma \rangle$ として正のものを選んである．ここで，

$$T_c = \frac{1}{k_B} J\hat{z} \qquad (7.9)$$

である．$T < T_c$ では外部磁場をかけなくても系は磁化をもつことになり，この磁化のことを**自発磁化**とよぶ．また，この相を**強磁性相**とよぶ．一方，$T > T_c$ では自発磁化はなく，**常磁性相**とよぶ．温度を下げることにより，常磁性相から強磁性相に**強磁性－常磁性転移**を起こすことになる．

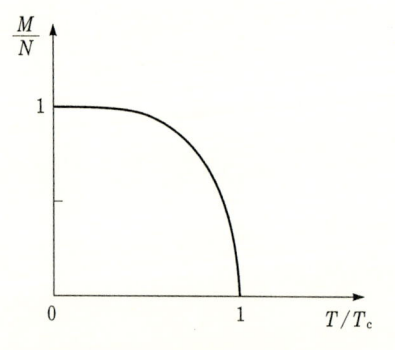

図7.3　平均場近似によるイジングモデルの磁化の温度曲線

臨界現象

T_c の近傍における物理量の特異的な振舞に着目してみよう．このような相転移点近傍の現象を**臨界現象**とよぶ．まず T_c の近傍における磁化の振舞を調べるために，$|x| \ll 1$ で

$$\tanh x \cong x - \frac{1}{3}x^3 \tag{7.10}$$

という展開式を用いると，(7.8) より

$$x(\beta J\hat{z} - 1) \cong \frac{1}{3}(\beta J\hat{z}x)^3 \tag{7.11}$$

となる．(7.9) を参照して

$$x^2 \propto \beta J\hat{z} - 1 = \frac{T_c}{T} - 1 \tag{7.12}$$

となるので，結局，自発磁化 M_s が

$$M_s \propto (T_c - T)^{1/2} \tag{7.13}$$

というようにベキ級数的に現れることがわかる．

外部磁場に対する磁化の応答率を与える**磁化率**は

$$\chi = \lim_{H \to 0} \mu \left(\frac{\partial M}{\partial H}\right)_T$$

$$= \lim_{H \to 0} N\mu \frac{\left(\beta J\hat{z}\frac{\partial \langle\sigma\rangle}{\partial H} + \beta\mu\right)}{\cosh^2 \beta(J\hat{z}\langle\sigma\rangle + \mu H)} \tag{7.14}$$

で計算されるが，$T > T_c$ では $M \to 0$ となるので，直ちに

$$\chi = \frac{N\mu^2 \beta}{1 - \beta J\hat{z}} = \frac{N\mu^2}{k_B(T - T_c)} \tag{7.15}$$

と計算される．一方，$T \lesssim T_c$ では $M \neq 0$ であることに注意して

$$\chi \cong \frac{N\mu^2}{2k_B(T_c - T)} \tag{7.16}$$

が得られる．したがって，磁化率は $|T - T_c|^{-1}$ の形で発散することがわかる．

96　7. 相転移の統計力学

例題 7.1

$T \lesssim T_c$ における磁化率の式 (7.16) を導け.

[解] (7.12) を係数まで正しく求めると

$$\left(\frac{M}{N}\right)^2 \cong \frac{\beta J \bar{z} - T}{\frac{(\beta J \bar{z})^3}{3}} = \frac{3(T_c - T)T^2}{T_c^3} \cong \frac{3(T_c - T)}{T_c}$$

と表されるので, (7.14) は $T \lesssim T_c$ では

$$\chi = \frac{\beta J \bar{z} \chi + N\beta\mu^2}{\cosh^2\left(\frac{\beta J \bar{z} M}{N}\right)} \cong \chi \frac{T_c}{T}\left[1 - \left(\frac{T_c}{T}\right)^2 \frac{3(T_c - T)}{T_c}\right] + N\beta\mu^2$$

となる. これを χ について解くと

$$\chi \cong \frac{N\mu^2}{2k_B(T_c - T)}$$

が得られる.

　一般的に, 自発磁化, 磁化率が, $T = T_c$ の近傍で

$$\left.\begin{array}{ll}\text{自発磁化} & M_s \propto (T_c - T)^\beta \\ \text{磁化率} & \chi \propto |T - T_c|^{-\gamma}\end{array}\right\} \quad (7.17)$$

のようなベキ級数的依存性を示すとき, β, γ のような指数を**臨界指数**とよぶ. 平均場近似では, (7.13), (7.15), (7.16) から, $\beta = 1/2, \gamma = 1$ となる.

　ここで, 合金の**秩序-無秩序転移**との関係を調べてみよう. AB 合金, たとえば ZnCu の場合に, A, B の原子が交互に格子点に配置された状態がエネルギー的に安定である. 低温ではこのような秩序状態をとり, 高温ではランダムな配置の状態（無秩序状態）をとるような秩序-無秩序転移を起こす. 図 7.4 に秩序状態と無秩序状態を示してある. ところが, このような合金系の問題はイジング系の問題と変数に対応関係があり, 数学的に等価の問題として扱うことができる. その結果, 磁性体の強磁性-常磁性転移と合金系の秩序-無秩序転移という異なる現象の相転移の振舞が同等になる. このことを**ユニバーサリティー（普遍性）**とよび, 相転移の理解に重要な概念である.

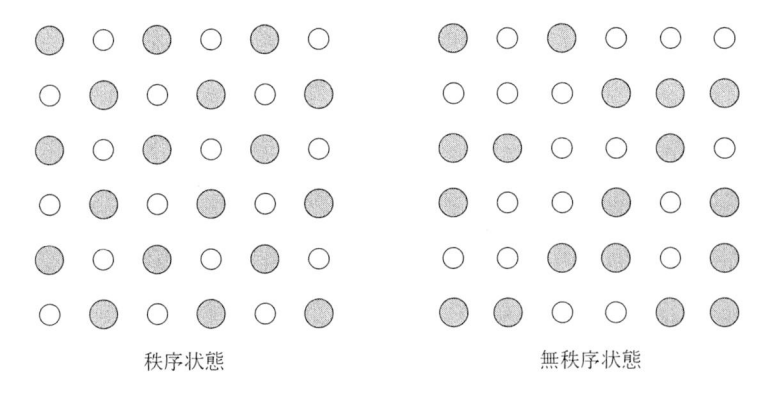

図7.4 AB合金の秩序状態と無秩序状態

§7.2 1次元イジングモデル

相互作用の存在のために，一般にはイジングモデルは解けないが，1次元の場合は簡単に厳密解が求まる．1次元では，ハミルトニアンは

$$\mathcal{H} = -J \sum_{i=1} \sigma_i \sigma_{i+1} \tag{7.18}$$

となるが，端のスピンの取扱いとしては，

$$\sigma_{N+1} = \sigma_1 \tag{7.19}$$

とおく．これを**周期的境界条件**という．これは円環状につなぐことに対応しており，これを図7.5に示す．

状態和は，$K = \beta J = J/k_B T$ とおいて，

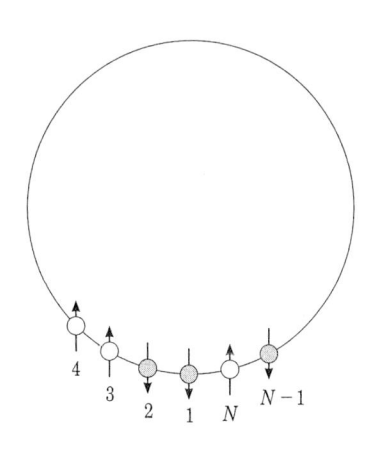

図7.5 周期境界条件の1次元イジングモデル

7. 相転移の統計力学

$$Z = \sum_{\sigma_1 \cdots \sigma_N = \pm 1} \exp\left(K \sum_{i=1}^{N} \sigma_i \sigma_{i+1}\right)$$

$$= \sum_{\sigma_1 \cdots \sigma_N = \pm 1} \prod_{i=1}^{N} \exp\left(K \sigma_i \sigma_{i+1}\right) \tag{7.20}$$

と計算されるが,

$$\sigma_i \sigma_{i+1} = \pm 1 \tag{7.21}$$

であることを使うと,

$$\exp\left(K\sigma_i\sigma_{i+1}\right) = \cosh K + \sigma_i\sigma_{i+1} \sinh K \tag{7.22}$$

となり,結局,状態和 Z が

$$Z = 2^N(\cosh^N K + \sinh^N K) \tag{7.23}$$

と求まる.粒子数 N が十分に大きいとすると,$K \neq \infty$, すなわち $T \neq 0$ であれば,Z を

$$Z \cong 2^N \cosh^N K \tag{7.24}$$

とすることができ,(3.31),(3.32) により,全エネルギー E, 比熱 C_V が

$$E = -\frac{\partial}{\partial \beta} \log Z = -NJ \tanh \beta J \tag{7.25}$$

$$C_V = \frac{\partial E}{\partial T} = -k_B \beta^2 \frac{\partial E}{\partial \beta} = Nk_B \frac{(\beta J)^2}{\cosh^2 \beta J} \tag{7.26}$$

と計算できる.全エネルギー,比熱の温度依存性をグラフに示すと,図 7.6

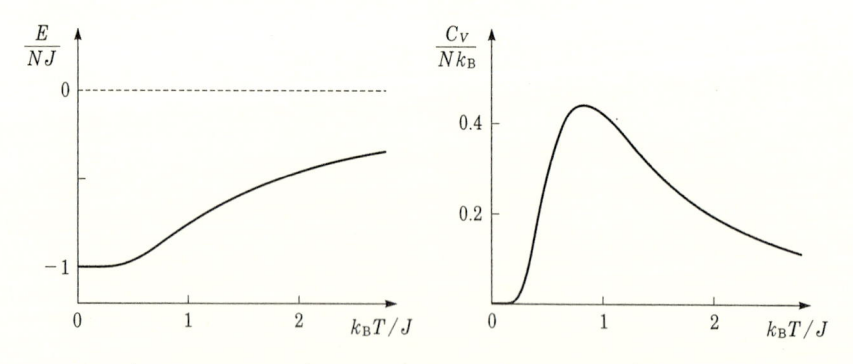

図 7.6 1次元イジングモデルのエネルギーと比熱

のようになる．1次元イジングモデルは $T \neq 0$ には相転移はないことになる．

このように，1次元イジングモデルの場合は厳密に解が求まることを示したが，2次元イジングモデルの場合にも1944年にオンサーガー[†]により巧みな方法で厳密解が得られた．2次元正方格子上のイジングモデルは，

$$T_c = \frac{2}{\log(1+\sqrt{2})}\frac{J}{k_B}$$

$$= 2.269\frac{J}{k_B} \quad (7.27)$$

で相転移が起こる．正方格子の場合，最近接格子点の数が4であるので，平均場近似の T_c は (7.9) により $4J/k_B$ となる．(7.27) は T_c が平均場近似の値の約57%になることを示している．厳密解によると，比熱は T_c の近傍で

$$C_V \propto \log|T - T_c| \quad (7.28)$$

と対数的に発散する．また，(7.17) で定義される臨界指数は

$$\beta = \frac{1}{8} = 0.125, \quad \gamma = \frac{7}{4} = 1.75 \quad (7.29)$$

となる．オンサーガーの2次元イジングモデルの解は，有限温度 ($T_c \neq 0$) での相転移を厳密に得た[††]と共に，平均場近似の値と異なる臨界指数を得たことに意義がある．

[†] オンサーガーは1942年2月のニューヨークアカデミーの会合で，外部磁場のない2次元イジングモデルの厳密解を得たと発表した．論文は2年後に公表された．L. Onsager: "Crystal statistics I. A two-dimensional model with an order-disorder transition", Phys. Rev. **65** (1944) 117‐149.

[††] 自発磁化の表式もオンサーガーが1949年に会議の中で示したが，最終的に自発磁化の導出を示したのはヤンである．C. N. Yang: "The spontaneous magnetization of a two-dimensional Ising model", Phys. Rev. **85** (1952) 808‐816.

演習問題

[1] 図7.4に示したようなAB合金（A原子の数とB原子の数は同数で$N/2$とする）をとり上げよう．図7.4を参照して，完全な秩序状態でA原子が存在する部分格子をa，B原子が存在する部分格子をbと格子点を2つの部分格子に分けて考える（A原子とB原子はすべて入れ替えてもよい）．a部分格子上にあるA，B原子の数を$N_a(A)$，$N_a(B)$，b部分格子上にあるA，B原子の数を$N_b(A)$，$N_b(B)$と表すことにする．また，部分格子上に片方の原子がそろうことが秩序状態の目安となるので，長距離秩序度Sを

$$S = \frac{N_a(A) - N_a(B)}{N_a(A) + N_a(B)}$$

により定義する．

　ある原子の配列が与えられたときAB対が現れる数N_{AB}を考えるが，この数を平均的に扱うことにする．すなわち，a部分格子の格子点にあるA原子に対してはその$\tilde{z}$個の最近接格子点中にB原子の現れる割合は$\tilde{z}N_b(B)/(N/2)$であるとし，a部分格子中のB原子についても同様に最近接格子点中にA原子の現れる割合は$\tilde{z}N_b(A)/(N/2)$であるとする．このように仮定するとき，N_{AB}を長距離秩序度Sを用いて表せ．

[2] 前問で考えたAB合金において，体系のエネルギーは

$$E = -N_{AB}2v \quad (v > 0)$$

で与えられるものとする．すなわち，A原子とB原子が隣り合うとエネルギーが低くなるとする．A，B原子を各部分格子へ配置する方法の数を計算し，長距離秩序度Sの関数として求めよ．系のヘルムホルツの自由エネルギーが

$$F = -\frac{1}{2}N\tilde{z}v(1+S^2) + Nk_BT\left(\frac{1+S}{2}\log\frac{1+S}{2} + \frac{1-S}{2}\log\frac{1-S}{2}\right)$$

となることを示せ．また，Fを最小とするS^*は

$$S^* = \tanh\left(\frac{\hat{z}v}{k_\mathrm{B}T}S^*\right)$$

により決定されることを示せ．

[3] 1次元イジングモデルの状態和は (7.20) で与えたように

$$Z = \sum_{\sigma_1\cdots\sigma_N=\pm 1} \exp\left[K\sum_{i=1}^{N}\sigma_i\sigma_{i+1}\right]$$

となるが，図に示すように3つのスピンから成るブロックに分け，ブロック内の両側のスピン変数に関する和を先にとることを考える．N は3の倍数であるとして ($N' = N/3$)，残りのスピン変数を $\sigma_2 \to \sigma_1'$，$\sigma_5 \to \sigma_2'$，$\cdots$，$\sigma_{N-1} \to \sigma_{N'}'$ により新しい変数 σ_i' で表すことにする．状態和が

$$Z = \sum_{\sigma_1'\cdots\sigma_{N'}'=\pm 1} \exp\left[K'\sum_{i=1}^{N'}\sigma_i'\sigma_{i+1}' + N'C\right]$$

と，定数項を除いてもとと同形に書けることを示し，K と K' の関係を求めよ．また，この操作をくり返したとき，パラメータ K の変化 ($K \to K' \to K'' \to \cdots$) がどうなるか調べよ．

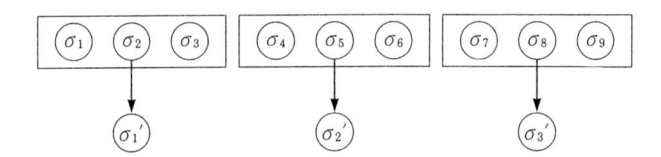

病気の伝染

強磁性-常磁性転移や秩序-無秩序転移などの熱的な相転移は，温度を変えたときに，低温で秩序状態を作ろうとするエネルギーを優先する効果と，高温でなるべく乱雑になろうとするエントロピーを優先する効果の競争により起こる．

2つの(あるいは多くの)異なった相の間の変化を起こす現象は，広く世の中に存在する．このような広い意味の相転移の問題を扱う際にも統計力学的な手法を応用することが有効である．たとえば，病気の伝染の問題も広い意味の相転移の問題として取扱うことができる．病気に感染した人が健康な人と接触して病気が伝染する効果と，病気が直る効果の競争により，病気が発生したときにそれが広がるかどうかが決まると考えられる．熱的な相転移における温度に当る，転移をコントロールする因子は，病気の伝染の問題の場合は個々に接触した際に伝染する確率 p であり，さらにいったん病気に感染した人に免疫ができるかどうかで伝染過程が変る．温度に支配される熱的な相転移の場合と同様に，病気が広がるかどうかを分ける臨界的な確率 p_c が存在し，また種々の臨界指数を議論することができる．

この病気の伝染のモデルは「動的パーコレーション転移」とよばれる現象の一例であるが，病気の伝染だけでなく，山火事の伝播，癌細胞の成長，化学反応の問題など，多くの応用例がある．

8 シミュレーションと統計力学

相互作用をする多粒子系は物理学における興味ある研究対象であるが，ごく少数の例外を除いては，多粒子系の問題を解析的に解くことはできない．そこでコンピューターを用いて数値的に問題を解こうというのが**シミュレーション**，あるいは**計算機実験**の考えである．コンピューターシミュレーションを用いることにより，解析的な方法で扱えない問題を研究することができ，また，近似的な理論の妥当性を評価することができる．また，実験室では測定することがむずかしい量や，理論の道具立てのために導入された仮想的な量さえも，コンピューターシミュレーションで計算できる．コンピューターシミュレーションが大きな意味をもつようになってきたのは，もちろんコンピューターの急速な発展が背景にある．

§8.1 分子動力学法

古典力学によれば，粒子の運動はニュートンの運動方程式で記述される．§2.2 でも述べたように，ハミルトンの正準運動方程式の形式を用いると，3次元の N 粒子系の運動の場合は，$3N$ 個の一般座標 q_j と共役な運動量 p_j から成る $6N$ 元の連立微分方程式

$$\frac{dq_i}{dt} = \frac{\partial \mathcal{H}(q_1, \cdots, q_{3N}, p_1, \cdots, p_{3N}, t)}{\partial p_i} \quad (i = 1, \cdots, 3N) \quad (8.1)$$

$$\frac{dp_i}{dt} = -\frac{\partial \mathcal{H}(q_1, \cdots, q_{3N}, p_1, \cdots, p_{3N}, t)}{\partial q_i} \quad (i = 1, \cdots, 3N)$$
$$(8.2)$$

8. シミュレーションと統計力学

になる．この連立方程式を数値的に積分すると，位相空間の中の点が移動する．エルゴード性を仮定すると，位相空間内の軌道に沿って統計平均をとることにより，熱力学的性質を求めることができる．これが，コンピューターシミュレーションの代表的な方法の一つである**分子動力学法**である．全エネルギーが一定である保存系の場合には，分子動力学法は，統計力学の用語を用いれば，体積，エネルギーが一定の小正準集団の方法を扱うことに対応する．しかし現在では，温度一定の正準集団の取扱いにも拡張されている．さらに圧力を一定にして体積を変化させることができる方法の開発もなされ，分子動力学法の方法論は大きく発展している．

気体分子の運動を調べるために，実際に粒子間に適当な相互作用を仮定し，分子動力学法を用いてみる．箱に閉じ込めた2次元ソフトコアポテンシャル粒子系の運動の様子を図8.1に示してある．ソフトコアポテンシャルとは，粒子間距離をrとして，

$$\phi(r) = \varepsilon \left(\frac{\sigma}{r}\right)^n$$

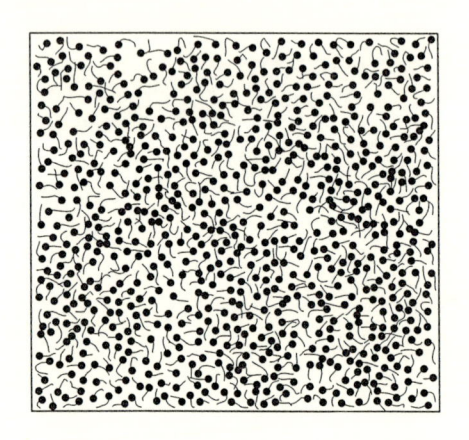

$$(n > 3) \qquad (8.3)$$

図8.1 2次元ソフトコアポテンシャル粒子系の運動の様子

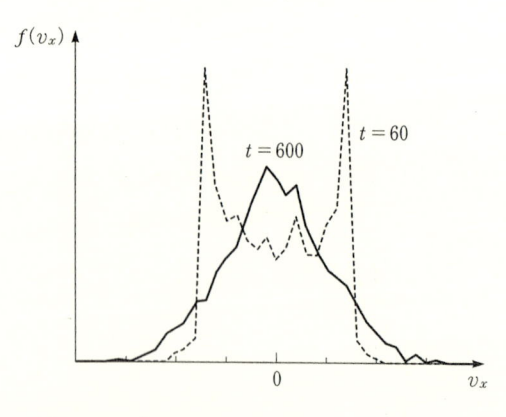

図8.2 2次元ソフトコアポテンシャル粒子系の速度分布の変化

のように斥力項のみを考えるポテンシャルである．なお，ここでは $n = 12$ にとってある．また，粒子の速度分布（v_x 成分）の時間的な変化の様子を図 8.2 に示してある．初期条件として，粒子の位置は等間隔に規則的に配置し，速度は大きさが一定で方向がランダムである状態から出発しているが，時間が経つと共にガウス分布に近づいていくことがわかる．

ここで，中央に仕切りの入った箱の片側に粒子を閉じ込めておき，その仕切りをはずすことを考えてみよう．仕切りをはずすと，粒子は箱全体に拡がっていく．箱の片側にすべての粒子がもどることはめったにないことは，煙が拡がる現象として日常生活で経験していることである．分子動力学法を用いて実際に仕切りをはずすシミュレーションを行った様子を図 8.3 に示してある．

全体で N 個の粒子のうち，左側に n 個，右側に $(N - n)$ 個の粒子が分布している状態を考えると，そのような場合の数は，

$$W = \frac{N!}{n!(N-n)!} \tag{8.4}$$

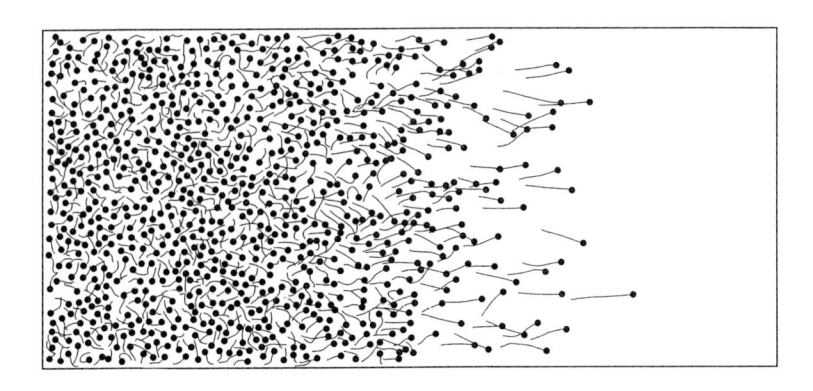

図 8.3　仕切りをはずしたときの 2 次元ソフトコアポテンシャル粒子系の運動の様子

で与えられる．実際に，左側と右側にある粒子の数を数え，その状態に対応するエントロピー

$$S = k_B \log W \quad (8.5)$$

の時間変化を調べることができ，これを計算した例を図 8.4 に示してある．図では，$t = 1000$ のときに中央の仕切りをはずした．900 個の粒子から成る系で，エントロピー S/k_B のとりうる最大値，$\log(900/450^2)$ の値を破線で示してある．

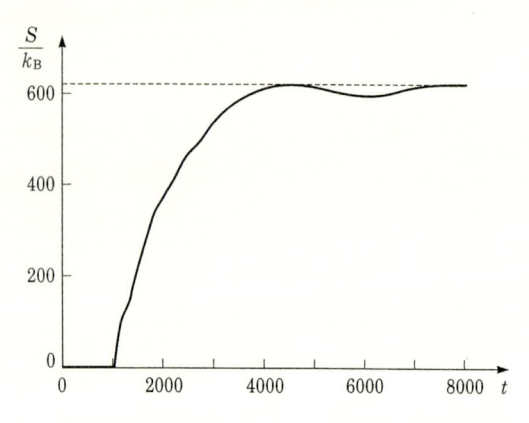

図 8.4 仕切りをはずしたときのエントロピーの時間変化

本書では平衡系の統計力学を扱い，エントロピーの時間変化の問題をとり上げてこなかったが，分子動力学法により，エントロピーが増大していくことが示される．この非平衡の統計力学については，本シリーズの「非平衡統計力学」を参照されたい．

§8.2 モンテカルロ法

モンテカルロ法[†] は分子動力学法と並ぶ代表的なコンピューターシミュレーションの方法である．分子動力学法が運動方程式を直接に数値積分する決定論的な方法であるのに対し，モンテカルロ法は乱数を用いる確率論的な方

[†] 統計力学にモンテカルロ法を導入したのは，メトロポリスらのロスアラモス国立研究所のグループである．重みつき選択を用いたモンテカルロ法をメトロポリス法ともいうが，メトロポリスは 1999 年 10 月に亡くなった．N. Metropolis, A. W. Rosenbluth, M. N. Rosenbluth, A. H. Teller and E. Teller: "Equation of State Calculation by Fast Computing Machines", J. Chem. Phys. 21 (1953) 1087-1092.

法である.

一般的には，モンテカルロ法は乱数を利用した数値積分の方法であるが，統計力学では状態和の数値的評価に用いられる．第3章で学んだように，状態和 Z は

$$Z = \sum_n e^{-\beta E_n} \tag{8.6}$$

で与えられる．ここで，E_n は多粒子系の ある配置のエネルギー，$\beta = 1/k_B T$ である．代表的な配置を選び出して (8.6) を評価するのがモンテカルロ法であるが，さらにその配置を確率 $e^{-\beta E_n}$ に比例して選ぶ方法が**重みつき選択**である．そのため，ある配置 m から次の配置 n への遷移を 2 つの配置間の遷移確率 $W(m \to n)$ に基づいて確率的に行うことにする (**マルコフ確率過程**)．配置の確率 $P(n)$ が適当な初期配置から出発して，確率過程により (3.29) のカノニカル分布の平衡分布 $P_{eq}(n) = Z^{-1} e^{-\beta E_n}$ に近づくためには，

1. **エルゴード性** 時間発展の規則により，すべての配置に到達可能であること
2. **詳細つり合い** 遷移確率が

$$\frac{W(m \to n)}{W(n \to m)} = e^{-\beta(E_n - E_m)} \tag{8.7}$$

を満足すること

の 2 条件を満たせばよいことが，マルコフ過程の理論からわかっている．なお，遷移確率 $W(m \to n)$ は一意に決まらないことに注意しよう．たとえば

$$W(m \to n) = \min\left[1, e^{-\beta(E_n - E_m)}\right] \tag{8.8}$$

と選べば，(8.7) を満たす．ここで，min は最小値を意味する．実際のモンテカルロ法の手続きは，各々の「時刻」で，仮の新しい配置を選び，もとの配置と仮の配置のエネルギー差を求め，得られた遷移確率に基づき確率的に新しい配置を次々と決定することになる．配置は $e^{-\beta E_n}$ に比例して選び出しているので，物理量 A の熱平衡値

108   8. シミュレーションと統計力学

$$\langle A \rangle = \frac{\sum_n A_n e^{-\beta E_n}}{\sum_n e^{-\beta E_n}} \tag{8.9}$$

は，平衡に達すれば，単に A の平均として求められる．

第7章で学んだイジングモデルをモンテカルロ法で調べてみよう．2次元正方格子上にイジングスピンをおき，相互作用は最近接格子間のみにはたらくとする．温度 T を与えてシミュレーションを実行し，異なる温度でのスピン配置の例を示したものが図8.5である．低温 ($k_B T/J = 2.0$) ではスピンがそろい，高温 ($k_B T/J = 2.6$) ではスピンがランダムに配置されていることがわかる．

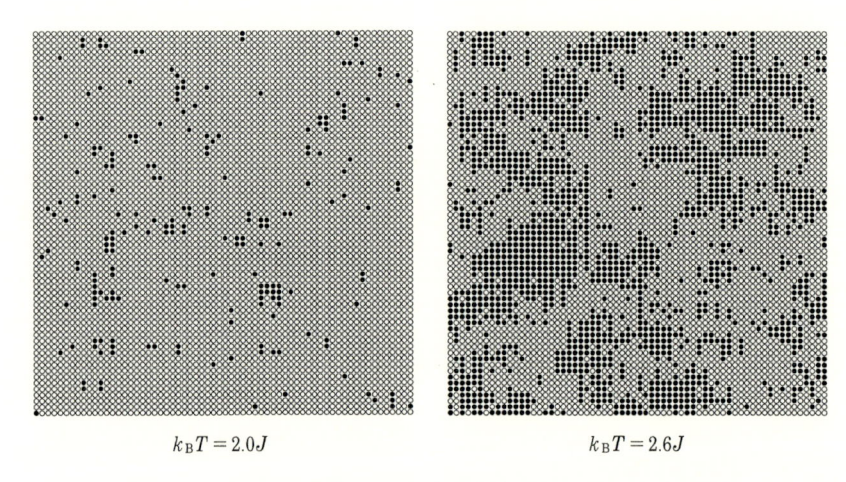

$k_B T = 2.0J$ $k_B T = 2.6J$

図 8.5 モンテカルロ法による2次元イジングモデルのスピン配置

さらに，エネルギー，比熱の温度変化を調べた結果を図8.6に示してある．ここでは，16×16, 32×32, 64×64 のサイズの周期境界条件を課した有限系を取扱った．第7章で示したオンサーガーの厳密解によると，(7.27)より，$k_B T_c/J = 2.269$ が相転移温度であり，比熱は $T = T_c$ の近傍で対数的に発散することが期待される．図8.6には，無限系の相転移温度の位置を破

§8.2 モンテカルロ法   109

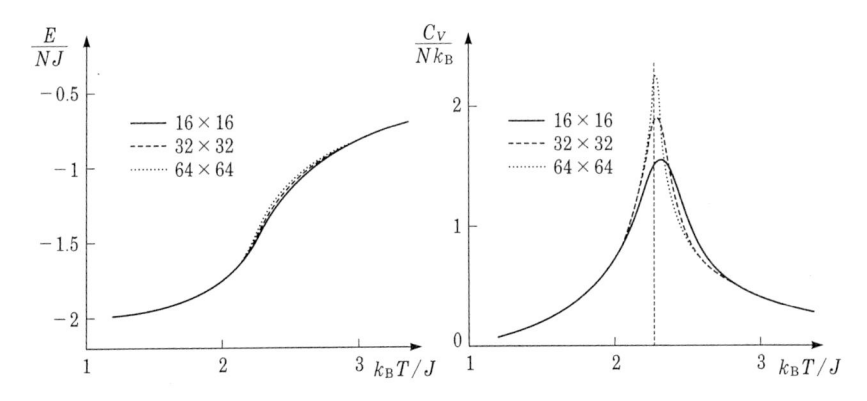

図 8.6 モンテカルロ法による2次元イジングモデルのエネルギーと比熱の計算

線で示してある．確かに比熱が $k_BT/J = 2.27$ 付近で大きくなっているが，発散はしていない．有限系の場合には比熱の発散が抑えられるが，サイズを大きくすると比熱のピークの値が増加していく．

磁性体の相転移においては，第7章で学んだように磁化の温度変化も興味ある量であり，その結果を図 8.7 に示してある．$\langle M \rangle$ はハミルトニアンの対称性から有限系ではゼロとなるので，$\langle |M| \rangle$ を計算したものをプロットしてある．有限系のため T_c 以上でも磁化は残るが，サイズを大きくしていくと無限系の厳密な自発磁化曲線に近づいていく．

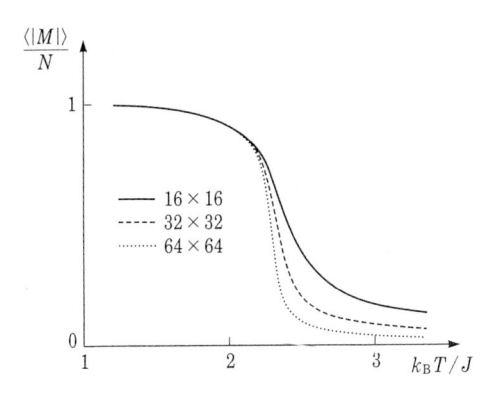

図 8.7 モンテカルロ法による2次元イジングモデルの磁化の計算

なお，比熱の計算には，

第3章の正準集団の方法で学んだ,エネルギーのゆらぎ(分散)による計算方法を使っている.すなわち,比熱は (3.38) で与えた

$$C_V = k_B \beta^2 (\langle E^2 \rangle - \langle E \rangle^2) \qquad (8.10)$$

により計算される.同様にして,磁化率の計算も磁化のゆらぎにより計算できることを付け加えておく.

さて,シミュレーションは有限系で実行し,転移点における特異的な振舞が抑えられるので,無限系の性質である相転移を調べられないのではないかと思われるかもしれない.そうではなく,物理量のサイズ効果を系統的に調べることにより,相転移の性質を定量的に精度良く研究できるのである.相転移点近傍の有限サイズ効果については,**有限サイズスケーリング**という概念が重要である.

第7章で示したように,2次元イジングモデルには厳密解があるが,3次元イジングモデルは解かれていない.3次元イジングモデルの場合は,コンピューターシミュレーションによる計算が,現在では最も精度の高いデータを提供している.複雑な相互作用をする多粒子系の問題では,コンピューターシミュレーションがほとんど唯一の研究方法である場合もある.今後ますます,コンピューターシミュレーションの重要性が増していくであろう.

演習問題

[1] 箱の片側に粒子を閉じ込めておき,仕切りをはずしたときのエントロピーの時間変化を分子動力学法で調べた結果を図 8.4 に示した.分子動力学法はニュートンの運動方程式を直接解いているが,保存系においては時間を反転しても運動方程式の形は不変である.すべての粒子の位置は,たとえば図 8.4 の $t = 8000$ の状態のままで,すべての粒子の速度を逆向き ($v_i \to -v_i$) にするような初期条件から出発することを想定してみよう.このときエントロピー変化がどうなるか

考察せよ.

[2] (7.1)のハミルトニアンで与えられる系において,磁化率はカノニカル分布の平均を用いて

$$\chi \propto \langle M^2 \rangle - \langle M \rangle^2$$

と磁化 M のゆらぎにより計算できることを示せ.外部磁場のない有限系では系の対称性から $\langle M \rangle$ はゼロになる.モンテカルロ法を用いて磁化率の計算を行うときにはどのようにすればよいか.

エイジング

最近,統計力学の問題でエイジング (aging) という用語が使われるが,二つの意味に使われている.

一つは第3章のコラムの「レプリカ」でも扱ったランダム系に関連してエイジングという用語が使われている.スピングラス相のようなランダム系では,緩和の過程が過去の履歴に依存する現象,たとえばどれだけ長くスピングラス相においてあったかという待ち時間に依存するというような興味ある現象が報告され,これをエイジング現象という.

もう一つは生物学的なエイジング,すなわち老化の意味に使われる.加齢と共に変異が起こるような遺伝情報を表す数理モデルを用いて,個体の老化,人口変動,種の繁栄,絶滅などを論じることが行われている.

全く異なる現象に関して,一つの用語が最近よく使われるようになったのは大変おもしろい.両者に共通していることは,シミュレーションによる研究が重要な役割を果たしていることであるが,これは,何もこの二つの問題に限ったことではなく,多くの問題に共通する一般的なことであるといえよう.

演習問題略解

第 2 章

[1] 速さ v で運動している分子が出す波長は，ドップラー効果により，観測者には

$$\lambda = \lambda_0 \left(1 + \frac{v}{c}\right)$$

の光に見える．v について解くと

$$v = c \frac{\lambda - \lambda_0}{\lambda_0}$$

となり，速さが $v \sim v + dv$ である分子の数が $\exp(-mv^2/2k_B T)$ に比例し，光の強度はその分子数に比例するので，与式が得られる．

[2] N 個の粒子のうち M 個が上の準位 ε をとると全エネルギーが $M\varepsilon$ となり，そのような微視状態のとりうる数は

$$W_N(M) = \frac{N!}{M!(N-M)!}$$

である．したがって，エントロピーは

$$S = k_B \log \frac{N!}{M!(N-M)!}$$

$$\cong -k_B N \left[\frac{E}{N\varepsilon} \log \frac{E}{N\varepsilon} + \left(1 - \frac{E}{N\varepsilon}\right) \log \left(1 - \frac{E}{N\varepsilon}\right)\right]$$

となる．(2.63) に従い温度 T を計算すると

$$\frac{1}{T} = -\frac{k_B}{\varepsilon} \log \frac{E}{N\varepsilon - E}$$

となり，$M < N/2$ ($E < N\varepsilon/2$) のときに $T > 0$ となる．全エネルギーの温度依存性は

$$E = \frac{N\varepsilon}{1 + \exp\left(\dfrac{\varepsilon}{k_B T}\right)}$$

と計算される．

第 3 章

[1] (3.30) を β で微分すると

$$-\frac{\partial \langle A \rangle}{\partial \beta} = -\frac{\partial}{\partial \beta}\left(\frac{\sum_j A_j e^{-\beta E_j}}{\sum_j e^{-\beta E_j}}\right)$$

$$= -\frac{\sum_j A_j(-E_j)e^{-\beta E_j}\sum_j e^{-\beta E_j} - \sum_j A_j e^{-\beta E_j}\sum_j(-E_j)e^{-\beta E_j}}{(\sum_j e^{-\beta E_j})^2}$$

$$= \langle AE \rangle - \langle A \rangle \langle E \rangle$$

が得られる.

[2] 独立な粒子であるので,状態和は

$$Z = Z_1^N = (1 + e^{-\beta \varepsilon})^N$$

と計算され,エネルギーは

$$E = -N\frac{\partial}{\partial \beta}\log(1 + e^{-\beta \varepsilon}) = \frac{N\varepsilon}{1 + e^{\beta \varepsilon}}$$

となる.比熱を計算すると

$$C_V = Nk_B \frac{(\beta \varepsilon)^2 e^{\beta \varepsilon}}{(1 + e^{\beta \varepsilon})^2}$$

が得られる.

[3] 体系のハミルトニアン $\mathcal{H}$ の固有値を E_j,固有関数を $|E_j\rangle$ と表すと,状態和は

$$Z = \sum_j \langle E_j | e^{-\beta \mathcal{H}} | E_j \rangle$$

と表すことができる.任意の完全規格直交系 $|k\rangle$ を考えると

$$Z = \sum_{jkl} \langle E_j | k \rangle \langle k | e^{-\beta \mathcal{H}} | l \rangle \langle l | E_j \rangle$$

であり,

$$\sum_j \langle l | E_j \rangle \langle E_j | k \rangle = \langle l | k \rangle = \delta_{lk}$$

を用いると

$$Z = \sum_k \langle k | e^{-\beta \mathcal{H}} | k \rangle = \mathrm{tr}(e^{-\beta \mathcal{H}})$$

が得られる.

[4] エネルギー固有値が E_j である固有状態における演算子 A の量子力学的な平均値は $\langle E_j | A | E_j \rangle$ で与えられるので,

$$\sum_j \langle E_j | A | E_j \rangle e^{-\beta E_j} = \sum_j \langle E_j | A e^{-\beta \mathcal{H}} | E_j \rangle$$

と計算される.前問と同様に完全規格直交系 $|k\rangle$ を用いて

114　演習問題略解

$$\sum_j \langle E_j | A e^{-\beta \mathcal{H}} | E_j \rangle = \mathrm{tr}(A e^{-\beta \mathcal{H}})$$

となるので，求める関係式が示される．

第 4 章

[1] 1粒子当りの状態和は

$$Z_1 = \frac{1}{(2\pi\hbar)^2} \int_{-\infty}^{\infty} dP_\theta \int_{-\infty}^{\infty} dP_\varphi \int_0^\pi d\theta \int_0^{2\pi} d\varphi \exp\left[-\beta\left(\frac{P_\theta^2}{2I} + \frac{P_\varphi^2}{2I\sin^2\theta}\right)\right]$$

$$= \frac{1}{(2\pi\hbar)^2} \int_0^\pi d\theta \int_0^{2\pi} d\varphi \sqrt{\frac{2I\pi}{\beta}} \sqrt{\frac{2I\pi \sin^2\theta}{\beta}}$$

$$= \frac{2I\pi}{(2\pi\hbar)^2 \beta} \int_0^\pi d\theta \sin\theta \int_0^{2\pi} d\varphi = \frac{2I}{\hbar^2 \beta}$$

となる．したがって比熱は

$$C_V = k_B \beta^2 \frac{\partial^2}{\partial \beta^2}(N \log Z_1) = N k_B \beta^2 \frac{\partial^2}{\partial \beta^2}\left(\log \frac{2I}{\hbar^2 \beta}\right) = N k_B$$

と計算されるが，これはエネルギー等分配則である．また，量子論的な計算の高温極限の表式 (4.14) に一致する．

[2] (4.20) に対応する弾性波の状態密度は，d 次元固体の場合には

$$g(\omega) \propto \omega^{d-1}$$

となる．したがって

$$C_V = k_B \int_0^{\omega_D} d\omega\, g(\omega) \frac{(\beta\hbar\omega)^2 e^{\beta\hbar\omega}}{(e^{\beta\hbar\omega} - 1)^2}$$

$$\sim k_B \frac{N}{(\beta\hbar\omega_D)^d} \int_0^{\beta\hbar\omega_D} dx\, x^{d-1} \frac{x^2 e^x}{(e^x - 1)^2}$$

であるので，低温 ($\beta \to \infty$) では比熱が T^d に比例することが導かれる．

[3] 分散関係が $\omega \propto k^n$ であるとき

$$dk \propto \omega^{1/n-1} d\omega$$

であることから，3次元における状態密度の関係 $g(\omega)\,d\omega \propto k^2\,dk$ を用いて

$$g(\omega) \propto \omega^{2/n} \omega^{1/n-1} = \omega^{3/n-1}$$

となる．前問と同様にして，低温で比熱が $T^{3/n}$ に比例することが導かれる．

[4] 完全結晶を作っている N 個の原子のうち n 個が結晶表面に移動すると，格子点として $N+n$ 個を考えればよい．$N+n$ 個の格子点から n 個の原子を選ぶ方法の数は，

$$W_n = \frac{(N+n)!}{N!\, n!}$$

となるので，エントロピーは，
$$S = k_B \log W_n = k_B \left[(N + n) \log (N + n) - N \log N - n \log n \right]$$
となる．一方，そのときの全エネルギーは，
$$E = n\varepsilon$$
であるので，温度 T が与えられたときに $F = E - TS$ を極小にする n は
$$\frac{\varepsilon}{k_B T} = \log \frac{N + n}{n}$$
となる．したがって，欠陥の濃度を与える表式として
$$n = N \frac{1}{e^{\varepsilon/k_B T} - 1}$$
が得られる．

[5] 右向き（左向き）の要素の数を $n_+(n_-)$ とすると
$$x = (n_+ - n_-)a, \quad N = n_+ + n_-$$
であるから
$$n_+ = \frac{Na + x}{2a}, \quad n_- = \frac{Na - x}{2a}$$
となる．鎖の両端の距離が x となる配列の数は
$$W(x) = \frac{N!}{\left(\dfrac{Na + x}{2a}\right)! \left(\dfrac{Na - x}{2a}\right)!}$$
となる．N が十分に大きいとすると，エントロピーは
$$S(x) = \frac{Nk_B}{2} \left[2\log 2 - \left(1 + \frac{x}{Na}\right) \log \left(1 + \frac{x}{Na}\right) - \left(1 - \frac{x}{Na}\right) \log \left(1 - \frac{x}{Na}\right) \right]$$
と計算される．鎖が自由に折れ曲がるとき，内部エネルギーは x によらない．したがって，自由エネルギー $F = E - TS$ より，この鎖の両端の距離を x に保つために必要とする力が
$$X = \left(\frac{\partial F}{\partial x}\right)_T = -T\left(\frac{\partial S}{\partial x}\right)_T = \frac{k_B T}{2a} \log \frac{Na + x}{Na - x}$$
と求められる．

第 5 章

[1] (5.50) を ε_j で偏微分することにより
$$-\frac{\partial \langle n_j \rangle}{\beta \, \partial \varepsilon_j} = \langle n_j^2 \rangle - \langle n_j \rangle^2 = \langle (n_j - \langle n_j \rangle)^2 \rangle$$
となり，一方

$$-\frac{\partial f_j}{\beta \, \partial \varepsilon_j} = \frac{e^{\beta(\varepsilon_j-\mu)}}{[e^{\beta(\varepsilon_j-\mu)} \mp 1]^2} = \frac{e^{\beta(\varepsilon_j-\mu)} \mp 1 \pm 1}{[e^{\beta(\varepsilon_j-\mu)} \mp 1]^2} = f_j(1 \pm f_j)$$

であることから与式が得られる．

第 6 章

[1] (3.66), (5.49), および (6.28) の状態密度を用いると

$$pV = -\Omega = \mp \frac{1}{\beta} \sum_{k\sigma} \log[1 \mp e^{-\beta(\varepsilon_k-\mu)}]$$
$$= \mp \frac{1}{\beta} \int_0^\infty \log[1 \mp e^{\beta(\mu-\varepsilon)}] D(\varepsilon) \, d\varepsilon$$

となる．

$$\frac{dD_0(\varepsilon)}{d\varepsilon} = D(\varepsilon)$$

により $D_0(\varepsilon)$ を定義して，部分積分を行うと，

$$pV = \mp \frac{1}{\beta} \{\log[1 \mp e^{\beta(\mu-\varepsilon)}] D_0(\varepsilon)\} \Big|_0^\infty \pm \frac{1}{\beta} \int_0^\infty \frac{\pm \beta e^{\beta(\mu-\varepsilon)}}{1 \mp e^{\beta(\mu-\varepsilon)}} D_0(\varepsilon) \, d\varepsilon$$

となるが，3次元理想気体の場合には $D(\varepsilon) \propto \varepsilon^{1/2}$ であり $D_0(\varepsilon) = (2/3)\varepsilon D(\varepsilon)$ となることに注意して

$$pV = \int_0^\infty \frac{1}{e^{\beta(\varepsilon-\mu)} \mp 1} \frac{2}{3} \varepsilon \, D(\varepsilon) \, d\varepsilon = \frac{2}{3} E$$

が得られる．

[2] 2次元系の場合は，系の面積を S とすると，波数が $k \sim k + dk$ にある1粒子状態の数は，スピン数による縮退度 g を考慮して

$$g \frac{S}{(2\pi)^2} 2\pi k \, dk$$

となる．これが $\varepsilon \sim \varepsilon + d\varepsilon$ にある状態数 $D(\varepsilon) \, d\varepsilon$ に等しいとおき，

$$\frac{\hbar^2}{m} k \, dk = d\varepsilon$$

であることから

$$D(\varepsilon) = \frac{gSm}{2\pi \hbar^2}$$

が得られる．2次元理想気体の状態密度は一定になる．

[3] グラフのデータは

$$\frac{C}{T} = 2.4 + 11.4 T^2$$

と直線で表されるので，電子比熱係数は $\gamma \cong 2.4 \times 10^{-3} \, \text{J}\cdot\text{mol}^{-1}\cdot\text{K}^{-2}$ と見積ら

れる．なお，自由電子モデルによる電子比熱係数は $\gamma \cong 1.9 \times 10^{-3}$ J·mol^{-1}·K^{-2} である．また，低温におけるデバイの格子振動の表式

$$C \cong Nk_{\mathrm{B}} \frac{12\pi^4}{5} \left(\frac{T}{\Theta_{\mathrm{D}}}\right)^3$$

と比較すると，1 モル当り $Nk_{\mathrm{B}} = 8.31$ J·mol^{-1}·K^{-1} であることに注意して $\Theta_{\mathrm{D}} \cong 56$ K と見積られる．

[4] ＋スピン（－スピン）の電子数 N_+ (N_-) が

$$N_\pm = \int D(\varepsilon) f(\varepsilon \mp \mu_{\mathrm{B}} H) \, d\varepsilon = \int D(\varepsilon \pm \mu_{\mathrm{B}} H) f(\varepsilon) \, d\varepsilon$$

と表されるので，全磁気モーメント $M = \mu_{\mathrm{B}}(N_+ - N_-)$ は

$$\begin{aligned} M &= \mu_{\mathrm{B}}(N_+ - N_-) \\ &= \mu_{\mathrm{B}} \int \left[D(\varepsilon + \mu_{\mathrm{B}} H) - D(\varepsilon - \mu_{\mathrm{B}} H) \right] f(\varepsilon) \, d\varepsilon \\ &\cong 2\mu_{\mathrm{B}}^2 H \int D'(\varepsilon) f(\varepsilon) \, d\varepsilon \end{aligned}$$

と計算される．したがって，磁化率は

$$\chi = 2\mu_{\mathrm{B}}^2 \int D'(\varepsilon) f(\varepsilon) \, d\varepsilon$$

となる．

[5] $T = 0$ では

$$\chi = 2\mu_{\mathrm{B}}^2 \int_0^{\mu_0} D'(\varepsilon) \, d\varepsilon = 2\mu_{\mathrm{B}}^2 D(\mu_0)$$

となるので，(6.42) を用いて

$$\chi = \frac{3}{2} \frac{N\mu_{\mathrm{B}}^2}{\mu_0}$$

が得られる．さらに (6.31) に従い展開すると，

$$\begin{aligned} \chi &\cong 2\mu_{\mathrm{B}}^2 \left[\int_0^\mu D'(\varepsilon) \, d\varepsilon + \frac{\pi^2}{6}(k_{\mathrm{B}} T)^2 D''(\mu) \right] \\ &\cong \frac{3N\mu_{\mathrm{B}}^2}{2\mu_0} \left(\frac{\mu}{\mu_0}\right)^{1/2} \left[1 - \frac{\pi^2}{24}\left(\frac{k_{\mathrm{B}} T}{\mu}\right)^2 \right] \\ &\cong \frac{3N\mu_{\mathrm{B}}^2}{2\mu_0} \left[1 - \frac{\pi^2}{12}\left(\frac{k_{\mathrm{B}} T}{\mu_0}\right)^2 \right] \end{aligned}$$

が得られる．

[6] 相対論的効果が十分に大きな 3 次元理想フェルミ気体の状態密度はスピン縮退度 2 を考慮して

$$D(\varepsilon) \, d\varepsilon = \frac{8\pi V}{(hc)^3} \varepsilon^2 \, d\varepsilon$$

となる．したがって，$T = 0$ における化学ポテンシャルは数密度の関数として

となる．

$$\mu_0 = \left(\frac{3n}{8\pi}\right)^{1/3} hc$$

となる．$T=0$における全エネルギーは$E_0 = (3N/4)\mu_0$となり，$O((k_B T/\mu_0)^2)$までの展開を求めると

$$E = \frac{3N}{4}\mu_0\left[1 + \frac{2}{3}\pi^2\left(\frac{k_B T}{\mu_0}\right)^2\right]$$

が得られる．なお，化学ポテンシャルの低温における展開式は，例題6.1で与えてある．

[7] 演習問題[2]で示したように，2次元系では状態密度$D(\varepsilon)$はεによらない．したがって，(6.67)に現れる積分は

$$\int_0^\infty \frac{1}{e^{\beta(\varepsilon-\mu)}-1}\,d\varepsilon$$

となり，この積分は$\mu \to 0$とすると発散する．いいかえると，どのような温度に対しても，(6.66)を満たすμが必ず見つかることになる．したがって，2次元理想ボース気体はボース凝縮を起こさない．

[8] 例題4.2で弾性波（格子振動）を調べたときと同じように考える．角振動数が$\omega \sim \omega + d\omega$にある電磁波（光子）の数は，2つの偏りの横波があることを考慮して

$$\frac{V}{\pi^2 c^3}\omega^2\,d\omega$$

と得られる．ここでcは光速である．零点エネルギーは角振動数分布と無関係であるので省略すると，$\omega \sim \omega + d\omega$にある電磁波（光子）のエネルギーが

$$E(\omega)\,d\omega = \frac{V}{\pi^2 c^3}\frac{\hbar\omega^3}{e^{\hbar\omega/k_B T}-1}\,d\omega$$

と得られる．また，光子が発生消滅するので，光子気体の温度T，体積Vにおける平衡状態として，化学ポテンシャルがゼロの理想ボース気体を考えても同じ結果となる．全エネルギーは，(4.33)を用いて

$$\begin{aligned}
E &= \int_0^\infty E(\omega)\,d\omega \\
&= \frac{V}{\pi^2 c^3}\hbar\left(\frac{k_B T}{\hbar}\right)^4 \int_0^\infty \frac{x^3}{e^x-1}\,dx \\
&= \frac{V\pi^2(k_B T)^4}{15(c\hbar)^3}
\end{aligned}$$

と計算される．

第 7 章

[1]
$$N_a(A) = N_b(B), \quad N_b(A) = N_a(B)$$
$$N_a(A) + N_a(B) = \frac{N}{2}$$

の関係があるので，$N_a(A)$, $N_b(B)$, $N_b(A)$, $N_a(B)$ のうち，独立な変数は1つである．長距離秩序度 S の定義式にこの関係を代入して，逆に解くと

$$N_a(A) = \frac{N}{4}(1 + S) = N_b(B)$$

$$N_a(B) = \frac{N}{4}(1 - S) = N_b(A)$$

が得られる．したがって，AB 対が現れる数 N_{AB} は

$$N_{AB} = N_a(A) \times \frac{\tilde{z}N_b(B)}{N/2} + N_a(B) \times \frac{\tilde{z}N_b(A)}{N/2} = \frac{\tilde{z}N(1 + S^2)}{4}$$

と計算される．

[2] A, B 原子を各部分格子へ配置する方法の数は

$$W = \frac{(N/2)!}{N_a(A)!\, N_b(A)!} \frac{(N/2)!}{N_a(B)!\, N_b(B)!}$$

$$= \left[\frac{(N/2)!}{(N(1 + S)/4)!\, (N(1 - S)/4)!} \right]^2$$

であるので，自由エネルギー $F = E - TS$ はスターリングの公式を用いて

$$F \cong -\frac{\tilde{z}N(1 + S^2)}{2} v - 2k_B T \left[\frac{N}{2} \log \frac{N}{2} - \frac{N(1 + S)}{4} \log \frac{N(1 + S)}{4} \right.$$
$$\left. - \frac{N(1 - S)}{4} \log \frac{N(1 - S)}{4} \right]$$

$$= -\frac{\tilde{z}N(1 + S^2)}{2} v + Nk_B T \left(\frac{1 + S}{2} \log \frac{1 + S}{2} + \frac{1 - S}{2} \log \frac{1 - S}{2} \right)$$

と計算される．F を極小とする S を求めると

$$\tilde{z}vS^* = \frac{k_B T}{2} \log \frac{1 + S^*}{1 - S^*}$$

となる．さらに，逆関数の関係

$$\frac{1}{2} \log \frac{1 + S}{1 - S} = \tanh^{-1} S$$

を用いて

$$S^* = \tanh\left(\frac{\tilde{z}v}{k_B T} S^* \right)$$

が得られる．この式は，イジングモデルの (7.8) に対応する．したがって，秩序

- 無秩序転移はイジングモデルの強磁性 - 常磁性転移と並行して議論を進めることができる.

[3]　σ_3, σ_4 について和をとる際に関係する部分は
$$e^{K\sigma_2\sigma_3}e^{K\sigma_3\sigma_4}e^{K\sigma_4\sigma_5}$$
である. $x = \pm 1$ のとき
$$e^{Kx} = \cosh K + x \sinh K$$
であることを用い, $\sigma_3, \sigma_4 = \pm 1$ に関して和をとったときに残るものだけを考慮して
$$e^{K\sigma_2\sigma_3}e^{K\sigma_3\sigma_4}e^{K\sigma_4\sigma_5} = \cosh^3 K + \sigma_2\sigma_5 \sinh^3 K$$
のように変形することができる.
$$\cosh^3 K + \sigma_2\sigma_5 \sinh^3 K = ae^{K'\sigma_2\sigma_5}$$
と置くと, $\sigma_2\sigma_5$ は ± 1 しかとらないので
$$\tanh K' = \tanh^3 K$$
の関係式が得られる. また,
$$a = \frac{\cosh^3 K}{\cosh K'}$$
である. したがって, ブロック内の両側のスピン変数に関する和を先にとると, 状態和を
$$Z = \sum_{\sigma_1' \cdots \sigma_{N'}' = \pm 1} (4a)^{N'} \exp\left[K' \sum_{i=1}^{N'} \sigma_i' \cdot \sigma_{i+1}'\right]$$
と表すことができる.

　この操作 (くりこみ群変換) によるパラメータの変化を調べるには, $\tanh K$ を見るのがよい. $\tanh K \to \tanh K' (= \tanh^3 K)$ をくり返した際の変化をグラフ

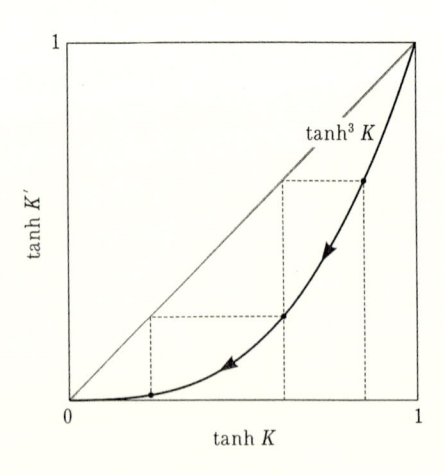

に示してある.出発点が $\tanh K = 1$ ($K = \infty$) である場合を除いては,操作をくり返すと共に $\tanh K = 0$ ($K = 0$) に近づくことがわかる. $K = J/k_B T$ であることに注意すると,$T = 0$ の場合のみ強磁性相となり,$T \neq 0$ では常磁性相となることがわかる.これは,既に§7.2 で得た結果である.

第 8 章

[1] 映画のフィルムを逆回ししたときのように,各粒子は来た道をたどってもどる.したがって,エントロピーも図8.4の逆をたどって減少することになる.しかし,すべての粒子が片側に集まるときは一瞬で,再び全体に拡がる.エントロピーについてもすぐに増加することになるので,圧倒的にエントロピーが最大となる状態が実現する確率が大きい.また,数値計算においては,非常に小さな数値誤差が特殊な状況を実現しにくくする.多くの粒子のすべてが箱の片側に集まるような過程がめったに起こらないというのは,時間的な実現確率も含めて理解する必要がある.このような特殊な状況の起こる確率は,粒子数が多くなれば天文学的に小さくなることは (8.4) からもわかる.

[2] μ を単位とする磁化を M とすると

$$\langle M \rangle = \frac{\sum (\sum \sigma_i) e^{-\beta \mathcal{H}}}{\sum e^{-\beta \mathcal{H}}}$$

と表される.(7.1)のハミルトニアンを参照すると,(3.38)の比熱の計算と同様の手続きで磁化率が

$$\begin{aligned}
\chi &= \mu \frac{\partial \langle M \rangle}{\partial H} \\
&= \mu^2 \beta \frac{\sum (\sum \sigma_i)^2 e^{-\beta \mathcal{H}} - [\sum (\sum \sigma_i) e^{-\beta \mathcal{H}}]^2}{(\sum e^{-\beta \mathcal{H}})^2} \\
&= \mu^2 \beta (\langle M^2 \rangle - \langle M \rangle^2)
\end{aligned}$$

により計算できることがわかる.

コンピューターシミュレーションで扱うのは有限系である.外部磁場のない有限系では系の対称性から $\langle M \rangle$ はゼロになるので,ゆらぎを用いた磁化率の計算には注意が必要である.一方,磁化の絶対値の平均 $\langle |M| \rangle$ はゼロにならない.相転移近傍の振舞に興味がある場合が多いが,$(\langle M^2 \rangle - \langle |M| \rangle^2)$ は磁化率と同様の有限サイズスケーリングの性質をもつので,この量を計算することがよく行われる.

参　考　書

　統計力学には多くの教科書がある．異なった視点から書かれた教科書で勉強することは，一層の理解につながると思われるので，最近出版された数冊の教科書を挙げておく．
　　[1]　阿部龍蔵：「熱統計力学」（裳華房）
　　[2]　長岡洋介：岩波基礎物理シリーズ「統計力学」（岩波書店）
　　[3]　宮下精二：物理学基礎シリーズ「熱・統計力学」（培風館）
　　[4]　川村　光：パリティ物理学コース「統計物理」（丸善）
このうち [3]，[4] には，くりこみ群や摂動展開の方法などの相転移の統計力学の最近の発展が盛り込まれている．学部学生には少しむずかしいところもあるが，相転移の統計力学に興味をもった学生に薦める．
　統計力学の演習書としては，
　　[5]　久保亮五 編：大学演習「熱学・統計力学（修訂版）」（裳華房）
が決定版ともいえる名著で，統計力学の重要な問題がほぼ網羅されている．
　統計力学の成立の過程で，熱力学の発展と原子論の進展がダイナミックにからみ合ってきた．さらに，統計力学によりミクロな世界の法則としての量子論の導入の必然性が明らかにされた．このように，統計力学の成立過程は，物理学史として大変興味深いところである．また，相転移の研究の発展も物理学史的におもしろい．本書では脚注で物理学史的なことに少し触れたが，
　　[6]　広重　徹：新物理学シリーズ「物理学史 I，II」（培風館）
　　[7]　小林謙二：物理学ライブラリー「熱統計物理学 I，II」（朝倉書店）
　　[8]　C. Domb: *Critical Point — A historical introduction to the modern theory of critical phenomena* (Taylor & Francis)
などを参考にした．なお，第 7 章の脚注（p. 91）で紹介したイジングに関しては，
http://www.bradley.edu/las/phy/ising.html
に紹介の web ページがある．このようにインターネットを通じて有益な情報が公開されることが今後ますます盛んになるであろう．
　本書に密接に関連する熱力学と非平衡統計力学に関しては，
　　[9]　小野嘉之：裳華房テキストシリーズ - 物理学「熱力学」（裳華房）
　　[10]　香取眞理：裳華房テキストシリーズ - 物理学「非平衡統計力学」（裳華房）
が本シリーズで用意されていることを付け加えておく．

索　　引

ア

アインシュタインモデル　43
アッペル関数　83

イ

イジングモデル　91, 97, 99, 101, 108
位相空間　11

エ

エネルギー等分配則　7
エネルギー分布関数　7
エルゴード仮説　12
エルゴード性　104, 107
エレクトロンボルト　74
エントロピー　17, 106

オ

オイラー‐マクローリンの総和公式　41
大きな状態和　34
重みつき選択　107

カ

回転運動　40
回転比熱　39, 55
ガウス積分　5
ガウス分布　5
カノニカル分布　30

グランド―――　36
ミクロ―――　25
ガンマ関数　9
化学ポテンシャル　35, 54
完全対称波動関数　59
完全反対称波動関数　60

キ

ギブスの定理　19, 21
ギブス‐ヘルムホルツの式　31
キュリー‐ワイス近似　92
吸着　53
―――中心　53
ラングミュアの等温―――式　55
強磁性‐常磁性転移　94
強磁性相　94

ク

グランドカノニカル分布　36

ケ

計算機実験　103
結合系　18

コ

合金　96, 100

格子　43
―――欠陥　51
―――振動　43
古典理想気体　14, 17
ゴム弾性　56

シ

磁化　93
―――率　89, 95
自己無撞着方程式　93
自発磁化　94
自由電子モデル　71
シミュレーション　103
ショットキー欠陥　51, 56
周期的境界条件　97
縮退温度　78
詳細つり合い　107
常磁性相　94
小正準集団　25
状態数　13
状態密度　13, 46, 74
状態和　28, 30
大きな―――　34

ス

スターリングの公式　16
スレーター行列式　60

セ

正準集団　28, 30

小―― 25
大―― 33, 36

ソ

相転移　81, 85, 91
速度分布関数　4
ソフトコアポテンシャル　104
素粒子の統計性　58

タ

大正準集団　33, 36
大分配関数　34
代表点　12

チ

秩序‐無秩序転移　96
長距離秩序度　100
調和振動子　13, 17, 21, 32

テ

デバイ温度　49, 88
デバイ関数　48
デバイ振動数　47
デバイの T^3 則　50
デバイのカットオフ　47
デバイモデル　48, 88
デュロン‐プティの法則　44
電子比熱　74
　――係数　76, 88

ト

等確率の原理　12

統計集団　25

ネ

熱的質量　77
熱的ド・ブロイ波長　54, 71
熱平衡　19
熱浴　20
熱力学第3法則　45
熱力学的温度　20
熱力学的重率　13
熱力学ポテンシャル　36, 66

ハ

パウリ原理　60, 78

ヒ

比熱　11
　回転――　39, 55
　電子――　74
　――係数　76, 88

フ

フェルミエネルギー　72
フェルミ温度　73
フェルミ縮退　78
フェルミ速度　73
フェルミ‐ディラック分布　63
フェルミ統計　63
フェルミ波数　73
フェルミ分布　63
　――関数　72
　――を含む積分　79

フェルミ面　73
フェルミ粒子　59
ブラッグ‐ウィリアムス近似　92
プランク定数　13
フレンケル欠陥　51
普遍性（ユニバーサリティー）　96
分散（ゆらぎ）　10
分散関係　46
分子運動論　4
分子動力学法　104
分子場近似　92
分配関数　28
　大―― 34

ヘ

平均場近似　92
ヘルムホルツの自由エネルギー　31

ホ

ボース‐アインシュタイン凝縮　85
ボース‐アインシュタイン分布　62
ボース凝縮　85, 89
ボース統計　62
ボース分布　62
　――関数　81
ボース粒子　59
ボルツマン因子　21, 28
ボルツマン定数　5
ボルツマン統計　67

ボルツマンの関係式　17

マ

マクスウェル分布　5
マクスウェル-
　ボルツマン統計　67
マクスウェル-
　ボルツマン分布　5, 67
マルコフ確率過程　107

ミ

ミクロカノニカル分布
　25

モ

モンテカルロ法　106

ユ

有限サイズスケーリング
　110
ユニバーサリティー
　（普遍性）　96
ゆらぎ（分散）　10, 32,
　36, 110

ラ

λ 転移　81

ラグランジュの
　未定係数法　27
ラングミュアの
　等温吸着式　55

リ

理想フェルミ気体　71
理想ボース気体　81
リーマンのツェータ関数
　80, 83
量子補正　69
臨界現象　95
臨界指数　96

著者略歴

1950年 埼玉県出身．東京大学教養学部基礎科学科卒，同大学院理学系研究科相関理化学専門課程博士課程単位取得退学．日本学術振興会奨励研究員，東北大学理学部助手，助教授，東京都立大学理学部教授（組織改組により同大学院理学研究科教授）を経て，首都大学東京大学院理工学研究科教授．現在，首都大学東京名誉教授．理学博士．
主な著書：「Windowsユーザーのためのシミュレーション統計物理」（共著，丸善）．

裳華房テキストシリーズ - 物理学　**統 計 力 学**

検印省略	2000年 9月30日　第1版発行 2008年 3月20日　第7版発行 2019年 8月20日　第7版5刷発行

定価はカバーに表示してあります．

増刷表示について
2009年4月より「増刷」表示を「版」から「刷」に変更いたしました．詳しい表示基準は弊社ホームページ
http://www.shokabo.co.jp/
をご覧ください．

著　者	岡部　豊（おかべ　ゆたか）
発行者	吉野　和浩
発行所	〒102-0081 東京都千代田区四番町8-1 電話　(03) 3262-9166 株式会社　裳　華　房
印刷製本	株式会社　デジタルパブリッシングサービス

NSPA 一般社団法人 自然科学書協会会員

JCOPY 〈出版者著作権管理機構 委託出版物〉
本書の無断複製は著作権法上での例外を除き禁じられています．複製される場合は，そのつど事前に，出版者著作権管理機構（電話03-5244-5088, FAX 03-5244-5089, e-mail: info@jcopy.or.jp）の許諾を得てください．

ISBN 978-4-7853-2095-9

© 岡部　豊, 2000　　Printed in Japan

エッセンシャル 統計力学

小田垣 孝 著　Ａ５判／218頁／定価（本体2500円＋税）

取り上げるテーマを精選し，初心者がスモールステップで学べるように各章の順序も工夫を施した．

統計力学では，微視的状態の数を求めるというなじみの薄い手続きが必要となるため，物理学を専攻する学生にとっても取りかかりにくい科目となっている．そこで本書では，基本公式の導出をできるだけ簡明に行い，またバーチャルラボラトリー（Webを用いたシミュレーション）とも連係させて直観的な理解を助けるようにした．

【主要目次】プロローグ　1.　熱力学から統計力学へ　2.　ミクロカノニカルアンサンブル　3.　カノニカルアンサンブル　4.　いろいろなアンサンブル　5.　ボース粒子とフェルミ粒子　6.　理想ボース気体　7.　理想フェルミ気体　8.　相転移の統計力学

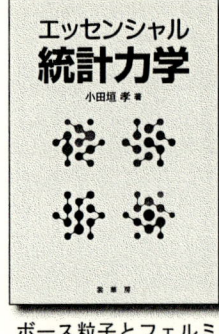

統計力学　【裳華房フィジックスライブラリー】

香取眞理 著　Ａ５判／256頁／定価（本体3000円＋税）

ミクロ（微視的）な粒子の運動を記述する物理学である力学や量子力学と，系のマクロ（巨視的）な状態を記述する熱力学をつなぐ理論である統計力学の，独特な考え方や手法に慣れてもらうことを目指し，この分野の標準的なテーマ・題材について，なるべく丁寧に説明した．各章末には「本章の要点」と豊富な演習問題を用意し，巻末の解答も丁寧に詳しく書かれている．

【主要目次】1.　統計力学の基礎（力学・熱力学・統計力学／ミクロカノニカル分布の方法／カノニカル分布の方法／グランドカノニカル分布の方法）　2.　いろいろな物理系への応用（理想気体／２準位系／振動子系）　3.　量子理想気体（理想ボース気体／ボース粒子とフェルミ粒子／理想フェルミ気体）

非平衡統計力学　【裳華房テキストシリーズ - 物理学】

香取眞理 著　Ａ５判／152頁／定価（本体2200円＋税）

力学法則から揺動散逸定理までを解説した非平衡統計力学の入門書．解説に際しては，古典力学に立脚して話を進め，量子力学は用いていない．冒頭の２章で古典力学と平衡統計力学のエッセンスをコンパクトにまとめてあり，初学者が容易に読み始めることができるように工夫されている．

【主要目次】1.　粒子系の力学モデル　2.　熱平衡状態を表す確率分布　3.　局所平衡状態と流体力学的方程式　4.　ボルツマン方程式と階層性　5.　時間相関関数と確率過程　6.　揺動散逸定理

大学演習 熱学・統計力学 ［修訂版］

久保亮五 編　Ａ５判／532頁／定価（本体4400円＋税）

多くの例題・問題を収め，詳しい解答と解説で定評を得てきたロングセラー．1998年発行の修訂版では，全体を再検討し，記述が荒削り過ぎたところ，読みやすさに対する配慮が足りなかった点などを修正し，また図も描き改めて見やすくし，数値，術語，記号などで更新する必要のあるものは改めた．

【主要目次】1.　熱力学的状態，熱力学第１法則　2.　熱力学第２法則とエントロピー　3.　熱力学関数と平衡条件　4.　相平衡および化学平衡　5.　統計力学の原理　6.　カノニカル分布の応用　7.　気体の統計熱学　8.　Fermi統計とBose統計の応用　9.　強い相互作用をもつ系　10.　ゆらぎと運動論

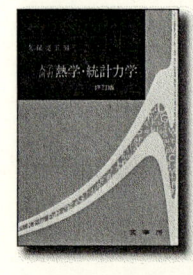

裳華房ホームページ　https://www.shokabo.co.jp/